성장하는 엄마,

성찰하는 교육자가 되도록 이끌어 주는

나의 사랑하는 아들 지원이에게

아이의 미래를 고민한다면 반드시 알아야 할 교육의 변화

다섯 가지
미래 교육 코드

김지영 지음

SOULHOUSE

프롤로그

나는 내 아이를 순방향으로 키우고 있는가?

교육의 실체와 그 종착지를 알아야 한다

모니카 페트의 《행복한 청소부》에는 매일 작가와 음악가의 거리를 성실하게 닦는 청소부 아저씨가 등장한다. 그는 어느 날 한 아이의 이야기를 듣고는 정작 자신이 매일 닦는 거리의 작가와 음악가에 대해서 아는 것이 없다는 사실을 깨닫게 된다. 그는 공부를 하기 시작하고, 마침내 강연을 할 수 있을 정도의 전문가가 되어 자신이 하는 일을 진정으로 사랑하게 된다.

나는 이 동화를 읽으면서 매일 열심히 길을 쓸고 닦지만 정작 그 길에 대해 관심을 가지지 않는 부모들을 떠올렸다. 아이를 사랑하고, 나름 최선을 다해서 열심히 아이를 키우지만 자신이 하고 있는 '교육'의 실체에 대해서는 관심을 두지 않는 부모들 말이다.

많은 부모들이 대학 입학을 자녀 교육의 최종 종착지로 생각한다. 일단 좋은 대학에 들어가면 부모는 교육의 책임을 다했다고, 자녀를 인생의 성공에 이르는 지름길에 올려놓았다고 안심한다. 그래서 부모들은 아이와 자신의 행복을 '대학에 보내고 나면'이라 미뤄둔 채 앞만 보고 달리는 '현재형'을 산다.

문제는 많은 부모들이 생각하는 대학이라는 종착지의 상황이 바뀌고 있다는 것이다. 이제 더 이상 대학 입학이 종착지가 아니라 아이의 삶에 있어 작은 시작점에 불과하다는 것을 깨달아야 한다.

인생의 달리기를 시작해야 할 대학이란 출발점에서 장거리 달리기를 위해 필요한 근육을 제대로 갖추지 못한 학생들을 수없이 많이 만나게 된다. 이들은 대학에 들어오기 전까지 '정답 찾기' 연습을 반복하면서 겨우 정답을 찾는 도사가 되었는데, 막상 대학에 들어오고 보니 '넌 아직도 정답만 찾고 있니?'라는 식의 따가운 시선을 받는다.

교재를 열심히 읽고 수업에 들어갔는데 "그래서 너의 생각은 어떤데?"라는 질문에 꿀 먹은 벙어리가 된다. 어떤 시험 문제가 주어질까 궁금해하고 있는데 해결할 '문제'를 스스로 찾아오라는 요구에 어리둥절 당황한다. 혼자 공부하고, 남보다 더 잘하기 위해 경쟁하는 것에 익숙해져 있는데, 이제 와서 다른 친구들과 협력하며 공부를 하라고 하니 마음이 안 움직인다.

대학과 사회는 주도적이고, 창의적이고, 협력할 줄 알고, 개성이 있는 인재를 원하는 방향으로 변화하고 있는데, 미래의 변화에 대해서는 아무런 준비도 되지 않은 채 무방비 상태로 대학이라는 문 안으로 던져진 학생들을 보면 안타까운 생각이 든다.

교육전문가로서 바뀌는 미래에 필요한 근력을 키우지 못하게 만드는 현재의 교육 시스템에 대해서 할 말이 많지만, 그보다 한 아이를 키우는 부모로서 다른 부모들에게 해 주고 싶은 말이 더 많다. 아이 마음의 근력이나 학습 근력을 키우는 일에 있어서는 부모의 역할이 절대적으로 중요하다고 믿기 때문이다.

학교 교육은 부모들이 키워 준 근력을 강화시켜 주는 역할을 할 뿐이다. '일단 대학에만 보내면 대학에서 알아서 하겠지'라는 안이한 생각을 하고 아이의 기초체력을 키우는 데 신경을 쓰지 않으면, 아이는 스스로 속도를 내서 달려야 할 20대가 되었을 때 달릴 힘이 부족하게 된다.

달릴 힘이 부족한 것까지는 양호하다. 시간이 좀 걸리겠지만 체력을 기르면 된다. 문제는 이미 자리 잡은 나쁜 습관이 새로운 습관의 형성을 방해하는 것이다. 인정과 보상이 있어야 달리는 습관, 완벽하고자 하여 새로운 도전에 뛰어들지 않는 습관, 하나의 정답만을 찾으려는 습관, 뭐든 혼자인 게 편한 습관, 시험을 위한 공부만 하는 습관, 자신에 대해 무관심한 습관……. 이미 이런 습관들이 자리 잡은 아이들은 대학에 와서 제대로 달리지 못해 좌절하고 실패하게 된다.

반대로 수업에서나 학습법 프로그램에서 탁월한 학생들도 많이 만난다. 긍정적인 마인드로 자기 인생을 바라보고, 대학에서, 그리고 변화하는 사회에서 요구하는 역량을 적극적으로 개발하려고 노력하는 학생들을 보면 정말 흐뭇하다.

여러 모습의 대학생들을 만나면서 나는 아직 초등학교 1학년인 내 아이의 모습을 오버랩해 본다. 그리고 스스로에게 질문을 던진다.

"나는 내 아이가 10년 후 어떤 모습이길 진정으로 원하는가?"

"그렇게 키우기 위해 지금부터 나는 어떤 근육을 키워 주어야 할까?"

《다섯 가지 미래 교육 코드》란 책을 쓴 이유는 내가 다른 부모들과 이 질문을 나누고 싶었기 때문이다. 10년 후 우리 아이가 마주칠 미래에 대해서 더 일찍 생각해 본 부모로서, 그리고 교육학자이자 전문 학습 코치로서 내가 가진 생각과 인사이트를 다른 부모들에게 나누어 주고 싶다. 아직도 많은 부모들은 미래 사회와 반대 방향으로 아이를 키우고 있다. 그래서 이 책에서는 멀리 보는, 또는 멀리 보고 싶은 부모들을 위한 미래 교육의 방향을 진단하고, 미래력을 가진 아이로 키울 수 있는 구체적인 방법들을 제시한다.

《행복한 청소부》에서 주인공 청소부 아저씨는 자신이 쓸고 있는 거리의 음악가와 작가에 대해서 더 잘 알게 되면서 마치 새로운 비밀을 알게 된 것과 같은 느낌을 받았다. 그리고 동료들에게 이렇게 말한다.

"더 일찍 책을 읽을걸 그랬어. 하지만 모든 것을 다 놓친 것은 아냐."

아직 늦지 않았다. 지금이 우리 아이를 순방향으로 키울 수 있는 적기이다. 이 책이 아이의 미래에 대해 고민하는 부모들에게 아이를 순방향으로 키우는 나침반 역할을 해 주길 기대한다. 그럼으로써 부모로서 자신이 하고 있는 의미 있고 소중한 일을 더 사랑하게 되길 희망한다.

2016년 12월을 마무리하며

교육 디자인 코치 김지영

목차

PART 1
과거와 미래 사이에서 흔들리는 교육

PART 2
다섯 가지 미래 교육 코드로 내 아이의 미래력 키우기

PART 3
아 이 의   미 래 력 을   만 드 는   부 모 력

아이의 미래를 생각한다면 바뀌는 교육 코드에 대해 선행 학습을 하라.

그러면 곧 사라질 것들에 대한 집착을 버릴 수 있다.

'대학=성공'의 법칙이 깨진다. 인재의 조건이 달라지고 있고, 직업의 생태계가
바뀌고 있다. 내가 살아왔던 시대, 혹은 눈앞에 보이는 것에만 비추어 아이를
키우면 당신의 아이를 미래에 경쟁력 있는 인재로 키울 수 없다.

PART
1

과거와 미래 사이에서
흔들리는 교육

Chapter

곧 사라질 것에 집착하는 부모들

> **"**아프리카의 원시 부족이 강을 따라 살고 있었다.
> 그 강의 상류에는 거대한 댐이 지어지고 있었다.
> 원시 부족은 그걸 모르는 채로 강에서 물고기를 잡는 법,
> 카누를 만드는 법, 농사짓는 법을 계속 자식들에게
> 가르쳤다. 그러다 댐이 만들어지자 이 원시 부족과
> 문명은 흔적도 없이 사라졌다.**"**

강 상류에 거대한 댐이 지어지고 있는 변화를 모르고 지금까지 했던 방식대로 지금 필요한 내용만 자식들에게 가르치고 있는 부모의 모습. 나도 이 원시 부족처럼 혹시 곧 사라질 것들에 집착하며 아이를 키우고 있는 것은 아닐까? 댐이 만들어져 모든 것이 흔적도 없이 사라지기 전에 지금 어떤 변화가 어떻게 일어나고 있는지 살피면서 아이를 키워야 한다. 곧 닥칠 변화에 역방향이 아닌 순방향으로 아이를 키우려면 아이가 아닌 부모가 미래 교육의 변화에 대해 선행 학습을 해야 한다.

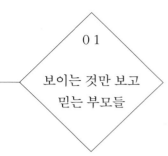

01

보이는 것만 보고
믿는 부모들

환 한 곳 에 서 만 열 쇠 를 찾 는 부 모 들

어떤 사람이 불이 밝게 켜진 가로등 밑에서 잃어버린 열쇠를 찾고 있었다. 지나가던 사람이 궁금해서 묻는다.

"열쇠를 여기서 잃어버린 게 맞나요?"
"모르겠어요."
"그럼 왜 여기서 열쇠를 찾고 계세요?"
"그야 이곳이 밝아서 잘 보이기 때문이죠."

찾아야 할 열쇠는 정작 다른 곳에 있는데 잘 보인다는 이유로 엉뚱한 곳에서 열쇠를 찾고 있는 이 모습, 우리도 살면서 가끔은 이런 무모한 행동을 한다. 부모인 우리는 더욱더 이런 무모함에 빠지기 쉽다. 자식이 행복한 삶을 살길 원하지만 행복한 삶을 살 수 있도록 도와주는 열쇠가 정확하게 어디 있는지 모른다. 그런다고 가만히 있을 수는 없으니 눈에 환히 잘 보이는 '성적'이라는 가로등 밑에서 열쇠 찾기에 나선다.

이 이야기에서처럼 지나가는 사람이 "그런데 아이의 행복을 성적 아래서 찾을 수 있는 게 맞나요?"라고 묻는다면 어떤 대답이 나올까?

"그건 몰라요. 그냥 남들처럼 그럴 거라고 믿으며 찾아보는 거지요."

'성적=대학=성공'이라는 신화를 가진 부모들은 '본인들이 자라온 시대'라는 과거의 가로등, 그리고 '아이들이 크고 있는 지금'이라는 현재의 가로등 밑에서만 열쇠를 찾고 있는 셈이다. 아이들이 열쇠를 실제로 사용해야 할 '미래'라는 깜깜한 곳은 외면하면서 말이다.

눈앞에 보이는 시험, 입시 등의 문을 열 수 있는 열쇠를 아이가 가지고 있다고 해서 그 열쇠가 마스터키는 아니다. '공부를 잘하는 것'은 조그만 문 하나를 열 수 있는 열쇠 하나에 불과하다. 현명한 부모는 아이들이 자라서 미래에 만나게 될 큰 문이 무엇인지를 생각하고, 아이들이 어릴 때부터 그 문들을 열 수 있는 열쇠를 미리 만들 수 있도록 도와주는 부모다.

내가 살아왔던 시대에 비추어, 혹은 눈앞에 보이는 것에 비추어 아이를 키우지 말아야 하는 이유는 자명하다. 지금 아이들을 위해 열심히 찾고 있는 열쇠가 머지않아 쓸모없게 될 것이기 때문이다. 쓰임새가 없는 골동품과 같은 열쇠를 남겨 주지 않으려면 부모들은 환한 과거와 현재

만 보지 말고 깜깜한 미래도 적극적으로 봐야 한다. 그러지 않으면 곧 사라질 것에 시간과 에너지를 낭비할 뿐이다. 우리 사회의 변화, 교육의 변화를 알아야 우리 아이를 미래에 경쟁력 있는 인재로 키울 수 있다.

눈에 보이는 모든 것을 보고 있다고 믿는 부모들

'투명 고릴라'라는 유명한 심리학 실험이 있다. 피험자들에게 검은 옷을 입은 세 명의 사람과 흰 옷을 입은 세 명의 사람이 농구공을 주고받는 영상을 보여 주고 흰 옷을 입은 사람들이 농구공을 몇 번 패스하는지를 세어 보라고 한다. 사람들이 공을 주고받는 동안 커다란 고릴라가 잠시 화면에 들어왔다 나간다. 이 실험에서 화면이 정지된 후 사람들에게 고릴라를 보았냐고 물어보는데 절반 이상이 고릴라를 못 봤다고 주장한다.

인지심리학자인 크리스토퍼 차브리스와 대니얼 사이먼스 교수는 그들의 저서 《보이지 않는 고릴라》(김영사 펴냄)에서 이 실험이 사람들의 인지한계를 보여 준다고 설명한다. 사람들은 보이는 것을 다 볼 수 있다고 생각하지만 어느 것에 집중하고 있느냐에 따라 아무것도 못 볼 수도 있다는 것이다. 무엇에 주목하느냐에 따라 인지하는 것이 달라진다는 이 실험은 아이를 키우는 부모에게도 적용된다.

시험, 진학, 학원 등록 등 당장 눈앞에 놓인 것들만 집중하다 보면 그

옆에서 불어오는 변화의 태풍을 못 보고 지나치게 된다. 빠른 속도로 변하는 사회, 그리고 그에 맞추어 변화하는 교육의 변화를 눈치채지 못하는 것이다.

나는 교육학을 전공하고, 대학에서 아이들을 가르치다 보니 교육 관련 연구 결과나 책을 읽고, 세미나와 학회를 통해 관련 분야의 사람들을 만나면서 사회의 변화와 교육의 변화를 좀 더 가까이에서 자세히 볼 수 있는 위치에 있다. 그래서 좋은 점은 아이의 교육에 대해 조급해지지 않는 것이다. 내가 교육학자인 것을 아는 지인들은 자주 내게 아이를 어떻게 교육시키냐고 묻는다. 그럴 때마다 내 대답은 이렇다.

"저는 아이가 좋아하는 일을 찾게 해 주는 것을 최우선으로 해요."

실제로 나는 초등학교 1학년인 아들을 학원에 보내거나 학습지를 시키거나 하지 않는다. 학교 외에 유일하게 아이가 하는 것은 자기가 좋아하는 피아노 레슨이다. '초등학교 1학년이니 그렇겠지.'라고 생각할지 모르지만 아이가 고학년이 되더라도 자신이 좋아하는 일을 찾아 주는 것이 부모가 해 줄 수 있는 가장 좋은 교육이라고 믿는 나의 철학에는 변함이 없을 것이다. 학원을 보내고, 레슨을 시키더라도 그 목적은 좋아하는 일 찾기가 될 것이다. 시험 성적이나 등수가 목적이 아니다.

그렇기 때문에 나는 아이의 교육에 대해서 별로 조급하지 않다. 지금 당장 선행 학습을 시켜야 한다는 생각을 하지 않는다. 자기가 좋아하는 일을 찾고, 그 일을 하기 위한 배움이 필요함을 알고, 배우는 것의 즐거

움을 찾으면 평생 살아갈 힘이 되는 코어 근육을 기르게 된다고 생각한
다. 내가 좀 더 느긋하고 장기적으로 볼 수 있는 이유는 앞으로 우리 아
이들이 자랄 미래에는 성적, 학벌, 스펙 등 외부적인 전시품보다 자신이
가진 진짜 실력이 중요해짐을 알기 때문이다. 자신의 진짜 실력을 키우
기 위해서는 무엇보다 좋아하는 일이 무엇인지 찾아야 한다.

지 금 당 장 슈 퍼 차 일 드 로 키 우 기 에 바 쁜 부 모 들

부모들이 교육에 느긋하지 못하고 조바심을 내는 것은 지금 당장 내
아이를 슈퍼차일드로 키우고 싶은 욕심과 나중에 우리 아이가 슈퍼차
일드가 안 되면 어쩌지 하는 두려움 때문이다. 독일의 자녀교육전문가
인 펠리치타스 뢰머는 《슈퍼차일드》^(지식채널 펴냄)라는 책에서 부모의 과도
한 기대와 걱정을 짊어진 완벽한 아이를 '슈퍼차일드(Super Child)'라
고 지칭하며, 요즘 많은 부모들이 아이들을 슈퍼차일드로 기르고 있다
고 지적한다.

아이가 원하는 것을 다 들어주고, 야단도 치지 않고, 왕처럼 떠받들
면서 아이를 애지중지 키우고 있지만 사실 그러면서 부모들은 이 아이
들에게 너무나 많은 것들을 기대한다. 오늘날 가족의 중심점에 아이
가 있고 부모는 아이를 통해서 기쁨을 얻고자 하는데, 이런 부모의 기
대 속에서 아이들은 부모에게 '감정적 안정'을 주어야 하는 임무를 떠
맡게 된다.

펠리치타스 뢰머의 얘기를 들어 보자. 독일의 사례이지만 오늘날 우리의 상황과 다르지 않다.

"점점 강해지는 개인화 경향은 한편으로 낮은 출산율로 이끌었고 희소가치가 높아진 아이는 점점 더 이상화되었다. 요컨대 우리는 현대사회에서 얻기 힘든 것을 아이에게서 얻으려 한다. 안정감, 삶의 의미, 희망, 행복……. 불쌍한 슈퍼차일드, 이 얼마나 무거운 짐인가!"

사실 아이들만 무거운 짐을 지는 것은 아니다. 아이에게 거는 기대 때문에 요즘의 육아 활동은 부모에게 하나의 트레이닝이 되어 버렸다. '인내심 트레이닝, 언어 트레이닝, 마음 트레이닝'을 받으며 '좋은 부모 되기, 아이와 대화 잘 나누기, 잘 놀아 주기' 등을 공부하는 '부모 되기'에 동참해야 하니 부모들도 피곤하다.

이렇게 부모와 자녀가 서로 간에 무거운 짐을 부과하는 관계가 되었을 때의 문제는 '사랑이라는 이름으로 서로를 힘들게 하는 것'이다. 자녀는 부모가 주는 과도한 관심과 사랑에 부합해야 한다는 부담과, 인정받으려는 욕구를 채우기 위해 부모를 기쁘게 해야 하고 부모의 자랑거리가 되어야 한다는 강박에 몰리게 된다. 부모는 자신들이 애지중지 키운 아이가 자신을 거부하거나 자신이 원하는 방향으로 가지 않을 때 실망하고 분노하게 되고 아이를 더 다그치게 된다.

아이들을 슈퍼차일드가 되는 길로 내모는 엄마들의 마음에는 우리 아이를 '명품'으로 만들고자 하는 욕구가 있다. 부모가 뽐낼 수 있는 명품이 되어야 하는 것은 아이에게 엄청난 심리적인 부담이다. 그런데 아이가 갖는 부담이 단순한 심리적 부담에서 끝나지 않는 데 더 큰 문제가 있다. 어릴 때부터 슈퍼차일드가 되기를 암묵적으로 강요받는 아이들은 다른 사람의 욕구대로 사는 데 익숙해진 나머지, 살면서 가장 중요한 '내가 뭘 좋아하지'라는 질문에 답하지 못하게 된다. 그리고 자신이 좋아하는 일, 혹은 잘하는 일을 발견하더라도 뛰어들지 못하고 주저하게 된다. 그런 아이들은 미래가 원하는 개성 있는 전문가가 되기 어렵다.

고은의 '순간의 꽃'이라는 시 중에서 내가 좋아하는 구절이 있다.

노를 젓다가
노를 놓쳐 버렸다.
비로소 넓은 물을 돌아다보았다.

지금 아이의 교육을 위해 열심히 노를 젓고 있는 부모들이여, 혹시 열심히 노를 젓느라 지금 어디에서 노를 젓고 있는지, 혹은 노를 저어서 어디로 가고 있는지 모르고 있지는 않은가? 꽉 붙잡고 있는 노를 놓고, 지금 어떤 변화가 일어나고 있는지 넓은 물을 들여다보는 시간을 가져보자.

곧 누구나 대학에 가는 시기가 온다

현재 대부분의 부모들이 가장 목숨을 거는 일은 바로 아이의 대학 입학이다. 아이가 좋은 대학에 가면 성공의 열쇠를 쥐는 것이라 생각하고, 아이를 좋은 대학에 보내기 위해 필사적으로 초등학교부터, 아니 어쩌면 유치원부터 아이의 진학 설계도를 그린다. 그러나 '대학=성공'이라는 신화는 이미 무너진 믿음에 불과하다. 지금도 단순한 학력보다는 본인이 가진 전문적 지식과 기술이 취업이나 성공에 더 중요한 영향을 미치고 있으며, 그러한 변화는 앞으로 더 가속화될 것이다.

이제 곧 누구나 대학에 가는 시기가 온다. 그리고 이것 때문에 요즘 대학가는 비상이다. 학령인구 감소가 대학 정원에 직접적인 타격을 미치고 있기 때문이다. 교육계에서는 우리나라의 학령인구 감소가 대학 정원에 영향을 미치게 되는 시점을 2018년으로 예측하고 있다. 얼마 남지 않았다. 곧 고교 졸업생이 대학 정원을 밑돌게 되는 것이다.

예상치를 조금 더 자세하게 살펴보자. 교육부의 대학 구조개혁 정책 연구팀에 따르면 2018년부터 대입 정원과 입학 자원의 역전 현상이 발생되어 처음으로 입학 자원이 대입 정원에 미달하게 된다. 현재 대입 정원인 약 56만 명이 유지될 경우 2018년 입학 자원은 54만 9890명으로 대입 정원에 9146명 부족하다. 그리고 5년 후인 2023년에는 학령인구가 39만 7998명으로 급격히 줄어 대입 정원보다 16만 1038명이 부족하게 되고, 이후 이러한 현상은 지속될 전망이다. 이러한 변화에 맞서 교육부에서는 대학 정원 감축 계획을 세우고 있으며 각 대학들은 대학의 발전방안을 마련하고자 노력하고 있다.

지금 이대로 간다면 고교 졸업생이 누구나 대학에 들어갈 수 있는 날이 머지않았다. 물론 상위 대학에 대한 경쟁은 계속되겠지만, 대학 자체에 들어가는 문이 고교 졸업생들에게 넓게 열리는 셈이다.

대학 졸업장이 취업과 성공의 열쇠가 되어 주던 시절이 있었다. 좋은 대학에 보내는 것이 종신보험 구실을 해서 어떻게 해서든 대학에만 들어가게 하느라 아이들 교육에 매진하는 부모가 대다수였다. 우리 부모들은 그런 시기에 살았기 때문에 대학 졸업장에 목숨을 걸 수밖에 없었다. 그러나 누구나 대학에 들어갈 수 있게 된다는 것은 대학 졸업장이 이전만큼 강력한 성공 수단이 되지 못함을 의미한다.

이젠 대학에 들어가는 것이 현재 교육의 최종 목표가 되어서는 안 된다. 대학은 교육의 목적지가 아닌 교육 과정의 하나일 뿐이다. 사회인으로서 자신의 가치를 높여 나가고, 자신의 전문분야를 좀 더 구체화해

나가는 교육의 장일 뿐이다. 대학 졸업장보다 실력이 스펙이 되는 시대가 이미 도래했다.

대학 졸업장보다 실력이 스펙이다

학력파괴의 바람이 불고 있다. 우리나라의 경우 몇 년 전부터 많은 기업이 블라인드 채용을 통해 학력 외의 다른 부분을 평가하고 있다. 명문대 졸업이라는 간판이 취업시장에서 더 이상 먹히지 않는 이유는 실제 일의 현장에서는 명문대 졸업생이 기대만큼의 역량을 발휘 못 하는 경우가 많기 때문이다.

명문대생일수록 제도권하에서 시스템적으로 교육받아 온 학생들일 가능성이 높다. 《공부의 배신》(다른 펴냄)의 저자인 윌리엄 테레위즈 교수가 지적한 대로, 이런 학생일수록 순한 양의 성향을 많이 가지고 있다. 순한 양의 성향을 가질수록 진취성과 도전정신이 떨어진다. 가장 혁신적인 기업으로 평가받는 구글(Google)의 경우, 대학 졸업장이 없는 직원의 채용을 늘려 가고 있다. 학력이 아닌 실력과 창의성의 중요성을 이미 깨달았기 때문이다.

《학력파괴자》(프롬북스 펴냄)라는 책에서 정선주 작가는 학교를 배신하고 열정을 찾고 인생의 성공을 이룬 다양한 학력파괴자들을 소개한다. 스티브 잡스, 아인슈타인, 피카소 외에도 난독증 때문에 학습장애아로 낙인 찍혔었지만 현재 항공, 미디어, 관광 등 6개 사업 분야를 아우르는 버진 그룹의 창업자이자 최고경영자(CEO)가 된 리처드 브랜슨, 주의력결핍과잉행동장애(ADHD)가 있었고 고등학교 시절 전 과목 F를 받아 성적 미달로 중퇴했지만 나중에 하버드대학의 교수가 된 토드 로즈 등 학력파괴자들의 예는 넘쳐 난다.

이들의 공통점은 '평균을 지향하는 학교'에 어울리지 않는 사람들이었다는 점이다. 이들은 학교 시스템에 갇혀 자신의 강점과 관심을 묵히기보다는 자신이 진짜 원하는 인생을 찾아나선 사람들이다. 학력파괴자들을 보며 '학력'은 무용지물이라고 극단적인 생각을 할 필요는 없다. 그러나 학력이 성공에 대한 보증수표가 된다는 막연한 기대를 가지고 아이를 키워서는 안 된다. 그렇게 키워서는 앨빈 토플러의 가상미래 시나리오에서 원시 부족과 같은 처지가 된다.

"아프리카의 원시 부족이 강을 따라 살고 있었어요. 강 상류에 거대한 댐이 지어지고 있는 거예요. 원시 부족은 그걸 모르는 채로 강에서 물고기를 잡는 법, 카누를 만드는 법, 농사짓는 법을 계속 자식들에게 가르쳤어요. 그러다 댐이 만들어지자 이 원시 부족과 문명은 흔적도 없이 사라졌습니다."

거대한 댐은 학력보다 실력이 우선인 시대의 아이콘이다. 새로운 시대가 다가오고 있는데 아이의 학력에만 목숨을 거느라 정작 자신의 실력을 키울 수 있는 밑거름을 주지 못하고 있는 건 아닌지 곰곰이 돌이켜 봐야 한다.

앞서 밝혔듯 곧 다가올 미래에는 자신의 실력을 갖추는 데 있어 대학이 필요충분조건이 되지 못한다. 게다가 우리 아이들이 커서 다닐 대학은 지금의 대학의 모습과는 아주 많이 달라져 있을 것이다. 미국의 유명한 사회생태학자인 피터 드러커는 이미 1997년 〈포브스〉 잡지와의 인터뷰에서 "30년 후 대학 캠퍼스는 역사적 유물이 될 것이다. 현재의 대학은 살아남지 못한다."는 폭탄선언을 했다. 미래학자인 토머스 프레이 역시 2030년이면 세계 대학의 절반이 사라질 것이라고 예측했다.

대학의 중요성, 혹은 가치가 감소되는 이유는 무엇일까? 첫 번째는 대학 교육이 대학에 다니는 특정 소수인에게만 제공되는 가치로서의 기능을 잃어 가고 있기 때문이다. 이전에는 대학 교육이 특정 사람들만 받을 수 있는 특권이었지만 이젠 대학을 가지 않은 사람들도 대학 교육을 받을 수 있는 기회가 생기고 있다. 최근 몇 년간 고등교육에서의 중요한 변화로 관심을 끌고 있는 MOOC(Massive Online Open Course)를 살펴보자.

온라인 공개강좌인 MOOC를 통해 이젠 전 세계 누구나 MIT, 하버드, 스탠퍼드 대학의 강의를 무료로 들을 수 있게 되었다. MOOC 강의를 통해 수료증을 받을 수 있는 것은 물론, 최근에는 MOOC 강의를 수료하는 것만으로도 취업이 가능해지고 있다. 페이스북(facebook), 에이티앤티(AT&T)와 같은 미국의 IT 기업들이 MOOC 수료증을 받은 학생들을 뽑기 시작한 것이다.

기존의 대학 교육이 가진 가치가 감소되는 두 번째 이유는 앞으로는 대학에서 배운 것만으로는 평생 먹고살 수 있는 지식이나 기술을 익히지 못하기 때문이다. 과거에는 대학 4년 동안 전공 지식을 쌓으면 그 지식의 수명이 어느 정도 유지가 되어 회사 업무에도 활용이 되었다. 그러나 점차 지식의 수명이 짧아지면서 4년간 대학 교육을 받는 사이에 많은 기술들의 수명이 다하고 새로운 기술들이 생겨나는 등 대학 교육과 현장 사이의 갭이 점점 커지고 있다.

지식의 빠른 소멸과 생성으로 우리 아이들 세대는 앞으로 계속해서 재교육을 받아야 한다. 졸업 후 일에 바로 투입되기 위해서는 현장 맞춤형 재훈련이 필요해질 것이다. 그래서 미래학자들은 앞으로는 짧은 기간 내 지정된 과목을 수료하고 발급받는 학위인 나노디그리(Nano-degree)에 대한 요구가 더 많아질 것이라고 예측한다.

우리 아이들이 자랄 미래에는 모든 아이들이 대학에 들어가게 되지만, 대학 졸업장은 더 이상 취업이나 성공을 보장하는 보증수표가 되지 못한다. 대학 졸업장이 아닌 자신만의 실력으로 승부를 걸어야 한다. 그렇다면 미래는 어떤 실력을 갖춘 인재를 원할까?

지 식 의 가 치 가 바 뀐 다

　과거에는 지식이 비대칭했다. 소위 가방끈이 긴 사람이 더 많은 지식
을 소유하고 있었고, 사람들은 그 사람에게 지식을 얻기 위해 모여들었
다. 이런 지식 비대칭 시대에는 지식을 가지고 있는 것 자체에 큰 가치
가 있었다. 그런데 지금은 어떠한가? 손에 든 핸드폰만 터치하면 누구
나 원하는 정보를 쉽게 검색하여 찾을 수 있는 시대가 되었다. 지식 대
칭의 시대가 된 것이다.

　지식 비대칭의 시대에는 당연히 지식의 소유가 중요했지만 지금은
지식을 가지고 있는 것 자체는 아무런 무기가 되지 못한다. 지식 대칭
시대에는 지식 활용 및 지식 생산이 중요하다. 지식을 잘 찾아서 외우
는 게 중요한 게 아니라 상황에 필요한 지식을 찾아 활용하고, 기존의
지식들을 조합하고 그것을 바탕으로 새로운 지식을 생산해 내는 것이
중요해진 것이다.

무엇보다 지식의 주기가 계속 짧아지고 있기 때문에 쌓아 두는 지식이 아닌 필요에 따라 필요한 지식을 바로 학습하고 업데이트하며 '적시 학습'을 할 수 있는 능력이 요구된다. '적시 학습'은 《2020 미래 교육 보고서》(경향미디어 펴냄)에서 꼽은 미래 교육의 주요 변화 중 하나다.

이런 지식 가치의 변화에 따라 우리 아이들은 지식 대칭 사회에서 지식 활용자 및 생산자가 될 수 있는 역량을 갖추는 것이 시급하다. 지금처럼 무조건 교과서의 내용을 외워서 지식을 암기하고 쌓아 두는 것에 그쳐서는 안 된다. 미래 학습의 중요한 변화인 '적시 학습'을 하면서 실력을 갖추는 인재가 되어야 한다.

하이콘셉트, 하이터치 인재를 필요로 한다

"미래학적 관점에서 본 인재상은 멀티플레이어이자 리더십이 강하고 경험이 많으며, 문제해결능력, 창의적·분석적 사고, 팀워크, 의사소통능력, 의사결정능력이 뛰어난 아이다."

《2020 미래 교육 보고서》에서 얘기하는 미래 인재상이다. 공부는 잘하지만 위와 같은 역량이 부족한 아이들은 앞으로 어디서든 환영받지 못하게 될 것이다.

최근 우리나라는 '창의적 인재' 양성을 교육 방향으로 설정하고 있는데, 다음 그림에서 보듯 창의적 인재가 갖추어야 할 세 가지 핵심 요소로 '전문지식, 창의적 인성, 미래 핵심 역량'을 꼽고 있다. 미래 핵심 역량에 포함되는 것이 앞서 소개한 문제해결능력, 창의적·분석적 사고, 팀워크, 의사소통능력, 의사결정능력 등이다.

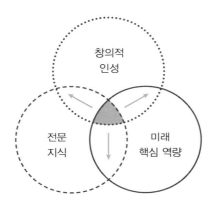

〈21세기 창의적 인재 양성을 위한 교육의 미래전략 연구〉 한국교육개발원

우리 아이들은 평균 수명 100세의 호모 헌드레드(Homo Hundred) 시대에 살 것이다. 고등교육기관에서 하나의 전공이 아닌 다전공을 하게 될 것이고, 직업도 몇 번을 바꾸면서 살게 될 것이다. 이런 시대에는 자신의 분야에 대한 전문 지식과 함께 창의성이 있어야 하며, 이것들이 미래에 필요한 핵심역량과 잘 어우러져야 한다.

미래학자인 다니엘 핑크는 《새로운 미래가 온다》^(한국경제신문사 펴냄)는 책에서 미래 사회의 중요한 요소로 '하이콘셉트(High Concept)'와 '하이터치(High Touch)'를 꼽는다. 하이콘셉트는 창의성을 바탕으로 새로운 아이디어를 창출하는 능력이고, 하이터치는 인간의 감정을 이해하고 공감을 이끌어 내는 능력이다. 다니엘 핑크는 미래 인재의 조건으로 다음과 같은 6가지를 제시했는데, 그 6가지는 디자인(design), 스토리(story), 조화(symphony), 공감(empathy), 유희(play), 의미(meaning)이다.

하이콘셉트와 하이터치 인재는 한마디로 '소프트파워'를 갖춘 인재이다. 지식만 갖춰서는 안 되고 그 지식과 함께 감성과 창의성을 가져야 한다. 기존에 강조된 좌뇌와 더불어 우뇌를 잘 활용할 수 있어야 한다. 그런 아이로 키우기 위해서는 부모들의 눈이 바뀌어야 한다.

1 기능만으로는 안 된다. → **디자인으로 승부하라.**
2 단순한 주장만으로는 안 된다. → **스토리를 겸비해야 한다.**
3 집중만으로는 안 된다. → **조화를 이루어야 한다.**
4 논리만으로는 안 된다. → **공감이 필요하다.**
5 진지한 것만으로는 안 된다. → **놀이도 필요하다.**
6 물질의 축적만으로는 부족하다. → **의미를 찾아야 한다.**

위의 6가지 변화 중에서 부모들이 가장 눈여겨보아야 할 것이 '놀이도 필요하다.'이다. '놀이'란 문자 그대로 논다는 뜻의 'play'의 의미도 있지만, 좀 더 포괄적으로는 '다양한 경험'을 의미한다. 소프트파워는 책상 앞에 앉아서 공부를 한다고 생기지 않는다. 다양한 경험 속에서 다른 사람들과 부딪쳐보고 거기서 자신만의 스토리와 의미를 만드는 과정에서 발전시킬 수 있는 기술이다.

'미래는 어떤 실력을 갖춘 인재를 원할까?'란 질문으로 되돌아가 보자. 과거에는 IQ가 높은 인재를 원했다면 이제는 NQ가 높은 인재를 원한다. NQ는 'Network Quotient'의 약자로 '네트워크 지수', 또는 '공존지수'라고 한다. 공존지수는 인간관계를 잘 유지하고 운영하는 능력을 나타내는 지수이다. 과거의 우리 사회는 수직적 관계로 이루어져 있었지만, 지금은 수평적 관계로 바뀌어 가고 있다. 이런 수평적 관계 속에서 사람들과의 '네트워크'를 잘 만들어 가는 능력이 중요시되는 것이다.

이미지 전략가인 허은아 대표는 그녀의 저서 《공존지수 NQ》(21세기 북스 펴냄)에서 미래의 1% 리더가 되는 차이가 '깊이 있는 네트워크'에서 비롯된다고 말한다. 사람들과의 관계를 잘 운영하는 능력이 높을수록, 즉 NQ가 높을수록 타인과의 의사소통 능력이 높고, 이를 기반으로 성공할 수 있는 기회가 많아지기 때문이다.

나는 대학생들에게 강의를 하면서 "나는 다른 사람에게 함께 일하고 싶은 사람이라는 평을 받는가?"라는 질문을 던져 보라고 말한다. 그리고 스스로 '그렇지 않다'라고 생각한다면 어떻게 하면 '함께 일할 만하다'는 평을 받을 수 있을지 고민해 보라고 말한다.

NQ가 높은 사람은 한마디로 함께 일해 볼 만한 사람이다. NQ가 높을수록 다른 사람과 소통하기 쉽고, 협력하기 쉬우며, 동반 성장을 하기 쉽다. 지금처럼 무한경쟁의 교육 환경에서 자란 아이들, 그리고 형제자매가 없어 혼자 큰 아이들은 이 능력을 키울 수 있는 기회가 상대적으로 적다. 우리 아이들이 자랄 미래에 NQ가 중요해지는 이유는 비단 사람들과 좋은 관계를 유지하고 소통을 잘 하면서 살기 위해서가 아니다. 미래 사회에서 중요해지는 지식 생산력과 지식 공동체 형성에 NQ가 핵심적인 역량이 되기 때문이다.

최근 창의성에 대한 중요성이 많이 강조되고 있는데 창의성에 대한 개념도 시간이 지나면서 많이 변화하고 있다. 그 변화를 성균관대 명예교수인 이정모 교수는 'He 창의성에서 I 창의성으로, 그리고 다시 We 창의성으로의 패러다임 변화'라고 설명한다.

첫 번째 단계는 창의성을 가진 천재에 초점을 두는 단계로, 그들을 일반 사람들과 구별시킨다는 의미에서 'He 패러다임'이다. 창의성에 대한 고전적인 관점으로 창의성을 신이 내려 준 선물이나 생물학적 특성으로 간주한다. 1950년대 이후에는 개인의 인지적 개발 노력을 통해 창의성을 계발할 수 있다고 보았는데, 창의성의 개인적 특성을 중시한다는 점에서 'I 패러다임'이다. 최근에는 창의성에 대한 사회문화적 접근이 이루어지며 창의성이 개인의 인지적 능력보다는 사회문화적 환경에 의해 계발된다고 본다. 사회문화적 환경을 조성하고 지원하는 것이 중요하다고 생각하는 관점에서 이는 'We 패러다임'이다.

창의성의 'We 패러다임'이 중요해지는 이유는 우리 사회가 다원화가 심화된 '복잡계(Complex System)'로 변화하고 있기 때문이다. 융·복합시대, 네트워크 사회가 도래하면서 다양한 분야의 사람들과 협력하면서 일할 수 있는 집단적 창의성의 중요성이 더 강조되고 있고, 다른 사람들과의 관계와 협력을 통해 창의성을 발현하기 위해서는 무엇보다 NQ를 필요로 한다. 타자, 즉 공동체와의 공감 능력, 소통 능력, 협동적 문제해결력이 기본적으로 갖추어져야 집단 창의성을 기르고 발현할 수 있다.

04

직업 생태계가
바뀐다

현 재 의 직 업 이 사 라 지 고 새 로 운 직 업 이 생 겨 난 다

"앞으로 5년 내 선진국에서 500만 개의 일자리가 사라질 것이다."

"2016년 현재 세계의 7세 어린이의 65%는 나중에 현재 존재하지 않는 직업에 종사하게 될 것이다."

"인공지능·로봇기술·생명과학 등이 주도하는 4차 산업혁명이 닥쳐 상당수 기존 직업이 사라지고 기존에 없던 새 일자리가 만들어질 것이다."

스위스 다보스포럼을 주관하는 세계경제포럼(WEF)은 2016년 발표한 〈일자리의 미래〉 보고서에서 위와 같은 예측을 발표했다. 이런 변화의 시대에 현재 존재하고 있는 직업에 맞추어 아이들을 빚어내려고 하는 부모들의 노력은 헛수고가 된다.

사실 현재 존재하는 직업 중에서도 부모들이 알고 있는 직업의 수는 매우 제한적이다. 아이들도 마찬가지다. 대학교 2학년 학생들을 대상으로 진로탐색을 가르치면서 아이들에게 자신의 전공과 관련해서 알고 있는 직업을 적어 보라고 한 적이 있다. 많이 적어 낸 대학생이 20개 정도를 적어 내고 나머지는 고작 10개 정도의 직업을 적어 냈다. 대학생들조차 현재 계속 생겨나고 있는 직업의 정보에 취약한 것이다.

한국직업능력개발원에서 고등학생들을 대상으로 직업에 대한 정보 수준을 조사한 보고서의 내용도 이와 비슷하다. 이 조사에 따르면 고교생들이 희망하는 직업의 수는 대략 300개 정도로, 전체의 90% 학생이 선호한 직업은 113개였다. 그중 전체 고교생의 절반가량이 선택한 직업의 수가 19개였다. 거기에 속하는 직업이 중·고등학교 교사, 의사, 공무원, 사업가, 컴퓨터 프로그래머, 건축설계사, 인테리어 디자이너, 유치원교사, 회사원, 경영인, 간호사, 디자이너, 컴퓨터 관련직업(인터넷 게임업체 등), 경찰, 한의사, 치과의사, 호텔지배인(호텔매니저, 호텔리어), 방송PD, 직업군인 등이었으니 고교생들이 아는 진로 선택의 폭이 얼마나 좁은지 알 수 있다.

실제로 대학 입학을 위해 전공을 선택해서 들어오면서 이 전공으로 어떤 일을 하게 될지 생각해 본 학생들이 매우 극소수이다. 대기업 직원, 공무원, 공공기관 직원, 전문가 등 막연한 생각만을 가지고 있다.

이제 대학 전공이 평생 직업을 결정했던 시대는 끝나 간다. 드루 파우스트 하버드대 총장의 말대로 지금 대학 졸업생이 사회에 나가면 적어도 여섯 번은 직업을 바꿔야 하는 세상이 되고 있다. 지금껏 대학이 첫 직업을 위한 교육을 했다면, 이제는 여섯 번째 직업을 가질 능력을 키우는 교육을 해야 한다. 최근 각 대학들도 단과대학 간의 융합과 복수전공, 다중전공을 장려함으로써 이런 추세를 반영하고 있다.

　현재의 직업이 빠르게 사라지고 새로운 직업이 생겨나는 상황에서 더 이상 부모가 익히 알고 있는 직업에 기준을 맞추어 아이의 미래를 재단하는 우를 범해서는 안 된다.

일 의 　성 격 이 　달 라 진 다

　이세돌 9단과 알파고의 바둑 대결 이후, '알파고 시대'란 말을 많이 쓴다. 알파고 시대에는 '인공지능(AI · Artificial Intelligence)'이 사람의 일을 대신하는 경우가 많아질 것은 자명하다. 미래 사회에서는 창조적인 일의 비중이 크게 증가하는 반면, 반복적인 일의 비중은 크게 감소하게 될 것이다. 사람들이 하는 정형적 업무(routine task), 그중에서도 육체노동을 필요로 하는 업무는 대부분 인공지능인 AI가 대신할 것이며, 인간은 사람을 상대로 하거나 분석력을 필요로 하는 비정형적 업무(non-routine task)를 하게 될 것이다.

　실제로 얼마 전, 아마존(Amazon)이 인공지능을 활용해 선보인 무인 슈퍼마켓인 아마존 고(Amazon Go)는 이러한 사회의 변화를 대변한다. 아마존 고의 활용범위가 늘어나면 미국 내 총 3500만 명이나 되는 계산원의 일자리가 위태로워질 전망이다. 자동화 기기가 제조업에서 생산 노동자를 대신한 것처럼, 이제 인공지능이 서비스업 종사자의 일자리를 위협하게 되는 것이다. 그렇다면 미래 사회에 있어 인간의 업무 영역은 무엇이 될 것인가?

미래에 급증하는 비정형적 업무를 수행하기 위해서는 소위 고차원적 역량이 필요하다. 고차원적 역량에는 비판적 사고력, 창의력, 문제 해결능력, 의사소통능력, 다문화 감수성 등이 포함된다. 과거에 필요했던 인재가 '지식 노동자'였다면 앞으로 필요한 인재는 '인사이트 노동자'이다. '인사이트 노동자(Insight Worker)'란 보스턴 컨설팅 그룹의 리치 레서가 새로운 미래 노동자의 모습으로 제시한 개념이다. 인사이트 노동자는 기존의 지식을 가지고 주어진 문제를 해결하는 데 그치지 않고, 해결해야 할 문제를 발견하며, 그 문제를 해결할 수 있는 창의적인 방법을 활용해 본다.

아이를 미래에 필요한 업무를 할 수 있는 인재로 키우려면 주어진 정답을 찾는 데 익숙하고, 거기에서 만족감을 느끼는 습관에서 벗어나게 해야 한다. 답을 찾을 수 있는 아이가 아닌 질문을 만들 수 있는 아이로 키워야 한다. 혼자 성취하는 기쁨이 아닌 남들과 함께 협력하는 기쁨의 맛을 아는 아이로 키워야 한다.

취업이 아닌 창직의 시대가 된다

미래에는 업무가 달라질 뿐만 아니라 직업 자체에 대한 개념이 변화할 것이다. 따라서 직업의 개념을 융통적으로 볼 필요가 있다. 하나의

'직업'을 정해 놓고 거기에 맞추어 아이의 미래를 설계하는 것은 미래를 읽지 못해 범하는 치명적인 실수다. 미래 사회에서 살아갈 아이들에게는 특정 직업을 찾아 '취업'을 하는 제한된 길보다는 자신이 하고 싶은 직업을 만드는 '창직'의 길을 개척하는 역량을 키워 줘야 한다.

'창직(創職)'이라는 단어의 의미를 한번 되짚어 보자. 한국고용노동원은 창직을 다음과 같이 정의한다.

> '창조적 아이디어와 활동을 통해 개인의 지식, 기술, 능력뿐 아니라 자신의 흥미, 적성 등에 용이하며 지속적으로 수익을 창출하고 해당 분야에서 지속할 수 있는 새로운 직업을 발굴하고 이를 통해 스스로 일자리를 창출하여 노동시장에 진입하는 것'

위의 정의에서 알 수 있듯이 창직을 하기 위해서는 자신이 가진 지식, 기술, 능력과 흥미와 적성에 창의적 아이디어를 더해서 수익을 낼 수 있어야 한다.

요즘 대학생들 중에서도 학교를 다니면서 창업을 하는 친구들이 많으며, 학교에서도 학생들의 창업을 적극적으로 지원해 준다. 그런데 창업에 관심을 가지는 친구들은 기본적으로 자기가 하고 싶은 일이 분명한 친구들이다. 어릴 때부터 주어진 시스템에 따라가는 것이 아니라 자기만의 길을 찾는 데 익숙하기에 창직의 길을 시도한다.

인적이 드문 길을 가기 위해서는 흥미, 열정, 가치관으로 움직이는 마음의 나침반을 제대로 제작해야 한다. 이 나침반이 없으면 어떤 길을 가도 계속 길을 헤매게 된다. 직업이 계속 사라지고 생기는 미래에는 더욱더 그렇다. 따라서 직업이 흔들리는 시대에는 무엇보다 '나'가 더 중요해진다. 본인이 좋아하는 일, 잘하는 일, 즉 '자신'을 잘 알아야 창직의 길로 들어설 수 있다.

다양한 직업 세계에 대한 탐색은 기본이다. 창직이라고 해서 기존에 없던 아주 새로운 직업을 만드는 것이 아니다. 관련된 직업들을 연결하고, 기존 직업에 새로운 요소를 더하고, 기존 직업들의 틈새를 찾는 과정에서 창직에 대한 아이디어가 나오게 된다. 이러한 아이디어를 얻기 위해서는 어릴 때부터 사회의 변화에 대한 민감성 및 적응력을 길러 줄 필요가 있다. 매일 집과 학원을 왔다 갔다 하고, 교과서 지식에만 매달리는 교육은 이러한 민감성을 키워 주지 못한다. 현재 우리 사회에서 일어나고 있는 변화, 그리고 앞으로 일어나게 될 변화에 대해 탐색하고, 특히 본인이 어떤 변화를 만드는 데 관심이 있는지 생각해 볼 기회를 제공해 줘야 한다.

그 무엇보다 중요한 것은 아이 스스로 무언가를 만들어 보는 경험을 다양하게 하는 것이다. 위로하고 싶은 친구를 위해 노래를 만들어 보든, 종이 박스로 강아지 집을 만들어 보든, 작지만 자신이 스스로 만든 것으로 세상에 어떤 변화 혹은 의미를 만들 수 있다는 것에 대한 기쁨, 관심, 그리고 자신감을 키우는 경험을 하는 것은 창직의 좋은 밑거름이 된다.

창직의 시대를 대비하는 우리의 교육은 매끈하고 반듯한 도자기를 빚어내는 교육이 아닌, 아이들이 자신의 모양대로 개성 있는 도자기를 빚어낼 수 있는 환경을 제공하는 교육이 되어야 한다.

Chapter

단 거 리 뛰 기 에 익 숙 해 진 아 이 들

> **"** 수년 동안 나는 아버지의 인정을 받아야 한다는 강박에서
> 벗어나기 위해 고군분투했다. 지난날 나는 행복할 수 있는
> 기회를, 자유로울 수 있는 기회를 잃었다. 그리고
> 다른 이의 성공에 두려워하지 않고 그들이 세상에 미치는
> 좋은 영향을 인정할 때 느끼는 기쁨 또한 잃었다. **"**

대학이라는 문에 아이를 넣기 위해 희생을 감수하는 부모들은 대학 이후의 아이의 삶에 대해 그다지 고민하지 않는다. 그런데 부모가 열심히 집어넣은 대학에 들어온 아이들은 부모의 생각과는 달리 쉽게 좌절하고 금세 무너진다.

'공부 기계'로 살며 어린 시절을 너무 빨리 통과한 나머지 자신의 역량을 개발하고 인생을 개척해야 할 중요한 시기인 스무 살에 달리기를 멈춰 버리는 것이다. 내 아이가 이렇게 되지 않게 하려면 나는 지금부터 아이를 어떻게 키워야 할까?

고3에서 달리기가 멈춰 버린 아이들

"빨리 우리 애를 대학에 보냈으면 좋겠어요."
"애 대학까지만 보내고 나면 할 일 다 한 것 같아요."

부모들이 많이 하는 말이다. 실제로 대다수 부모들이 대학 입학을 목표로 아이를 키운다. 일단 대학이라는 곳에 집어넣으면 그 이후의 삶은 애들이 알아서 할 것이라는 기대를 갖는다. 물론 대학생이 된다는 것이 성인이 된다는 것을 의미하며 스무 살이 된 아이들은 어른으로서 자신의 삶을 꾸려 갈 수 있어야 한다.

그런데 문제는 대부분의 아이들이 대학에 와서 자신의 삶을 스스로 꾸려 가는 데 어려움을 겪는다는 것이다. 자기 주도적으로 삶을 디자인할 수 있는 근육을 키우지 못한 채 대학에 들어오기 때문이다. 부족한 근육은 노력으로 좀 더 단단하게 키울 수 있으니 그나마 다행이다. 더 문제가 되는 경우는 건강한 대학 생활을 하는 것을 방해하는 부정적인 습관이 너무 많이 들어 있는 경우다. 그 부정적 습관 중 대표적인 것 하나가 눈앞에 보이는 목표만을 보고 단거리 뛰기를 하는 것이다.

- 기말고사에서 좋은 성적 받기
- 좋은 고등학교 가기
- 모의고사 잘 보기
- 수능 시험 잘 보기

많은 아이들이 이런 가시적인 목표를 바라보며 아무 생각 하지 않고 단거리를 뛰는 데에만 익숙해져 있다. 단기 목표를 정하고 일정 시간 안에 그 목표를 달성하기 위해 집중해서 뛰는 일은 곧잘 한다. 그런데 이렇게 고등학교 때까지 단거리 뛰기에 익숙해진 아이들은 대학에 들어와서 결승점에 이미 다다른 것과 같은 피로감과 허탈감을 겪는다. 이제 막 열정과 꿈을 가지고 20대를 시작해야 할 시작점에서 달리기를 지속할 힘이 다 빠져 버린 것이다. 누군가가 세워 놓은 목표 깃발을 보고 짧게 달리는 것에는 익숙하나 목표가 저 멀리 있어 결승점을 보지 않고 오래 달려야 할 경우, 예를 들어 본인의 진로 계획을 세우거나, 인생 계획을 세우며 그 계획을 꾸준하게 실천해야 할 때는 달릴 동기 및 에너지를 갖지 못한다.

1학년을 대상으로 역량 개발과 진로 탐색 관련 과목을 가르치면서 학생들을 만나 보면 몸만 대학에 와 있지 사고나 행동은 아직 고등학교 4

학년인 친구들이 많다. 이 친구들은 누군가 시간 계획, 공부 계획을 짜 주고, 옆에서 같은 과목을 함께 공부하는 친구들이 있다가 이젠 본인 혼자 그것들을 다 감당해야 한다는 사실을 매우 부담스러워한다. 모든 대학 신입생들이 갑자기 생긴 '자율'에 대해 어느 정도 부담을 느끼지만, 유독 이 자율을 부담스럽게 여기는 친구들이 바로 그냥 성적만 보고 단거리를 뛴 친구들이다. 제대로 놀아 보지도 못하고, 여러 경험을 해 보지 못하고, 자신에 대해 깊이 고민해 본 적도 없이 앞만 보며 뛴 결과이다.

무 기 력 과 우 울 , 방 황 을 겪 는 아 이 들

《아프니까 청춘이다》(쌤앤파커스 펴냄)라는 서울대 김난도 교수의 책 제목처럼 청춘은 어느 정도의 아픔을 내재하고 있다. 그렇다 하더라도, 그 아픔 때문에 주저앉는 학생들을 대학에서 헤아릴 수도 없이 만나다 보니 지금 초등학교 1학년인 내 아이를 어떻게 키워야 끝까지 달릴 힘이 있는 아이로 키울 수 있을지 고민하게 된다.

현재 대학에서 학사경고를 받은 학생들을 코칭하는 업무를 하다 보니 학사경고생들을 많이 만나게 되는데, 이 학생들의 문제는 80% 이상이 학습 외의 문제이다. 대학에 들어오기 전에 얼마나 많이 공부를 해 온 아이들인가? 그렇기에 학사경고를 받는 학생들은 공부를 못해서 F학점을 받고 학교에서 쫓겨나는 것이 아니다. 사실 이 학생들에게는 다른 문제들이 있으며 그 문제 중 80% 이상이 마음의 문제이다.

학사경고를 받은 친구들의 애기를 들어 보면 왜 공부를 해야 하는지 이유를 찾지 못하겠다는 말을 많이 한다. 즉 대학에 와서 공부를 하는 목적이 없는 것이다. 중·고등학교 때 꽤 공부를 잘했던 친구들인데, '그럼 그때는 왜 잘할 수 있었을까?'를 물으면 '부모의 인정, 학원, 공부하는 분위기, 대학 입학' 등의 목표들을 이야기한다. 즉 중·고등학교 때는 나로 하여금 공부를 하게 만드는 외부적인 동기, 혹은 자극 요인이 있었는데, 지금은 그게 없다는 것이다.

내가 만났던 학생 중에는 우울증을 겪고 있는 학생들도 있었다. 한 학생의 경우, 부모님이 취업이 잘된다고 해서 추천한 학과에 일단 들어왔는데 본인의 흥미와도 맞지 않고, 해당 분야의 기초 지식이 떨어져서 수업 내용에 대해 잘 이해를 하지 못하니 계속 자괴감이 들고, 잘하는 친구와 비교를 하면서 열등감만 가지게 되었다고 말한다. 이 친구는 어릴 때부터 사람들에게 인정 받는 걸 좋아했고, 그동안 부모님 혹은 친구들의 인정을 받기 위해 열심히 공부했었는데, 대학에 와서는 자신을 뜨게 하는 풍선이었던 '인정'이 사라져 버린 것이다. 급격히 찾아온 우울증으로 정신병원에 다니며 약도 먹고, 상담센터에서 상담도 받으면서 스스로 극복하려고 노력하지만 그 친구에게 있어 대학 생활은 계속 외부로부터 인정받지 못함에 대한 우울을 주는 원인일 뿐이다.

무기력, 우울증 등의 심리적 문제를 겪는 학생들은 대부분 대학에 들어오기 전에 부모님 말씀을 잘 듣는 순종적인 아이, 한마디로 부모님 입장에서 착한 아이였다. 부모님이 하라는 대로 공부하고, 전공을 정해서 왔는데 대학에 와서 보니 '내가 원하는 게' 없음을 알게 된다. 그런데 이 친구들은 그동안 워낙 순응적으로 사는 데 익숙해진 터라 대학에 와서 스스로 원하는 것을 찾아보고 도전해 보는 게 두렵다. 마음속에 가지고 있는 이상과 실제 자신의 삶 사이에서 계속 균열이 일어나면서 심리적으로 갈등을 겪게 된다.

서둘러 어린 시절을 통과해 버린 아이들

막 대학에 와서 성인으로서의 인생을 시작하는 출발점에서 무너지는 학생들을 보면 그들이 너무 빨리 통과해 버린 어린 시절이 안타깝게 느껴진다. 어릴 때 조금 더 방황해 보았으면 어땠을까, 부모님한테 당당하게 자신의 의사를 표현할 수 있는 아이였으면 어땠을까 하는 안타까움이 든다.

반대로 내가 만난 학생 중에는 자기 주관이 뚜렷하고 원하는 일을 확실하게 찾아 준비해 가는 학생도 있었다. 그 친구의 고등학교 시절이 궁금해서 한번 물어보았다.

"사실 저는 고3 때 방황을 했습니다. 어느 날 자율학습을 좀 일찍 마치고 집에 갔었는데 엄마가 안 계신 거예요. 전화로 물었더니 아빠랑 싸우고 집을 나가셨다는 겁니다. 혼자 계신 곳을 찾아갔더니 엄마는 절 보자

마자 고3이 자율학습도 제대로 안 하고 왜 일찍 왔냐고 막 화를 내셨어요. 엄마가 정말 걱정돼서 뛰어갔는데, 저를 공부 기계로 취급하시는 엄마에게 너무 화가 나서 그때부터 공부를 놓았습니다. 다행히 재수를 해서 대학에 들어오긴 했는데, 돌아보면 그때의 방황이 지금의 제가 있도록 도와준 것 같습니다."

일반적인 학생들은 부모가 자신을 공부 기계로 취급하는 것에 대해서 당연하게 생각하고 넘어갔을지 모르지만, 이 친구는 자신이 '공부 기계'로 취급받는 것에 대해서 거부의 의사를 표시했다. 자신의 존재 가치에 대해 그만큼 생각했다는 증거이다.

어렸을 때는 마음껏 뛰어놀아 봐야 하고, 친구들과 친밀한 우정도 나누어 봐야 하고, 조금 더 커서는 자신이 누구인가에 대해서 고민도 해 봐야 하고, 부모와 자신의 관계에 대해서도 진지하게 생각해 봐야 하고, 어떤 삶을 살고 싶은지 꿈을 꿔 봐야 한다. 그런데 이런 성장의 단계 없이 단순한 공부 기계로 서둘러 어린 시절을 지나쳐 버린 친구들이 대학에 와서 치러야 할 대가는 부모들이 생각하는 것보다 훨씬 크다.

02

자기를 모르는
아이들

　대학에서 신입생들을 만나면서 가장 마음 아픈 점이 '나' 공부가 안된 상태로 대학에 들어와서 나에 대한 질문에 대해 제대로 답하지 못하는 것이다. 강의 시간에 자신의 강점에 대해 적어 보는 활동을 하면, 많은 학생들이 고작 3~5개 정도 쓰고는 무엇을 더 써야 할지 몰라 고민한다. 본인의 강점이 그것밖에 없느냐고 물어보면 '깊게 생각해 보지 않아서 모른다.'고들 말한다. '뭘 잘하는지, 무엇에 관심이 있는지, 앞으로 어떤 삶을 살고 싶은지', 자신에 대해 몰라도 너무 모른다. 자기 자신에 대한 질문은 대답하기 가장 쉬운 질문이어야 하는데 많은 친구들에게 이 질문은 너무나도 대답하기 어려운 질문이다.

　사실 이러한 문제가 학생들 탓만은 아니다. 자신의 내면을 들여다볼 겨를 없이 아이들을 내몰기만 한 현 교육제도의 문제다. 진학하기 쉬운 분과를 선택하고, 입학이 쉬운 학과를 선택하고, 취업이 잘되는 전공을 선택하고, 늘 외적인 기준에 자신을 맞추어 오는 과정에서 '나'라는 존재는 희미해져 버린 것이다. 예일 대학의 교수였던 윌리엄 데레저위츠가 쓴 《공부의 배신》[다른 펴냄]에는 예일 대학 졸업생이 쓴 이메일을 소개하고 있다. 그 메일에는 "교수님은 저희에게 '네 열정을 찾으라.'고 말할 수 없습니다. 우리 대부분은 그 방법을 모릅니다. 그래서 예일대학에 오게 된 거예요. 성공을 향한 열정 하나만을 갖고서 말입니다."라는 글이 쓰여 있었다.

이는 비단 엘리트 대학에 입학한 학생에게만 해당되는 이야기가 아니다. 많은 대학 신입생들이 입학을 하겠다는 열정만을 가지고 대학에 들어와서 "너의 열정이 뭐니?"라고 물어보면 눈만 깜빡거릴 뿐이다. 어쩌면 대학에 입학한 순간 그동안 열정을 불러일으켜 왔던 외부 신호등이 꺼져 버린 셈이다.

나에 대한 질문을 던졌을 때 그래도 호기심을 갖고 자신에 대한 탐색을 시도해 보려는 학생은 다행이다. 더 심각한 학생들은 거짓된 자아를 가지고 있거나, 자아에 대한 관심이 아예 없는 학생들이다. 어떤 학생들은 이미 '나'를 포기한 듯 이렇게 말한다.

"어차피 내가 좋아하는 거, 흥미 있는 거 할 수 있는 세상도 아니잖아요. 굳이 그런 거 찾을 필요가 뭐가 있어요. 그냥 대충 맞춰 사는 거죠."

'삼포시대'라는 말이 나올 정도로 살아 나가기 어려운 시대이지만, 아직 창창한 20대 대학생이 이런 말을 하는 걸 보면 정말 가슴이 아프다. 과연 이 친구들은 '삶에서 어떻게 행복을 찾고 느낄 수 있을까?' 하는 걱정이 든다.

실제 자아가 아닌 거짓 자아를 가진 학생들도 생각보다 많다. 부모의 기대에 부응하기 위해, 선생님의 기대에 부응하기 위해, 우리나라 교육 체계의 기대에 부응하기 위해 형성된 거짓 자아를 가진 것이다. 어릴 때부터 자신의 감정이나 욕구를 인정받지 못해서 그냥 자신의 욕구를 무시해가며 살아온 결과, 타인의 감정이나 욕구가 마치 나의 것인 것처럼 느끼는 것이다.

꿈을 물어보았을 때 "그냥 안정적인 공무원을 하고 싶어요."라고 말하는 대학생에게 "왜 너에게 안정적인 것이 중요하냐?"고 물어보면 "그냥 부모님이 원하셔서 그렇게 하고 싶다."고 말하는 대학생들이 그런 케이스다.

자존감이 낮은 아이들

대학에서 쉽게 무너지는 학생들을 보면 대부분 자존감이 낮다. 자존감이 낮은 학생들은 쉽게 우울증을 겪기도 하고, 무기력증을 겪기도 한다. 그리고 어떤 일이든 도전하지 않고 현 상태에서 포기하는 경향이 강하다.

내가 코칭을 한 친구 중에 우울증 치료를 받는 친구가 있었는데 늘 표정이 어둡고 무엇보다 나와 시선을 똑바로 맞추지 못했다. 심리검사를 해 보았을 때 순응 점수가 상당히 높게 나와 본인이 왜 이렇게 순응적이 되었는지 물어보았는데 부모님이 매우 엄해서 어릴 때부터 자신의 의견을 잘 표현하지 않게 되었다고 한다. 그리고 소극적이고 내성적인 자신을 일부러 친구들과 만나게 하고, 외부 활동을 시키는 부모님 때문에 외려 스트레스를 받았다고 했다. 심리적으로 순응적이고, 스스로에 대한 자신감이 낮으며, 남의 인정을 통해 자신의 가치를 인정하고, 늘 다른 사람과 자신을 비교하며 끊임없이 자신을 비난하는 태도를 가지고 있었다. 그러다 보니 마음이 늘 우울하고, 의욕도 없고, 학교 생활도 재미가 없는 패턴이 반복되었다.

자존감이 낮은 친구들은 인생에 대해 'You are okay, but I am not okay'라는 태도를 가지고 있다. 남과의 비교를 통해 열등감을 느끼고, 그것이 무기력, 우울, 부진한 학습 문제로 이어진다. 이런 친구들에게 "다른 사람과 비교하지 말고 나만의 가치를 찾아보자."라고 말하면 바로 얼굴이 어두워지며 "저한테 그런 게 있을까요?", "저는 잘하는 게 없어요."라고 부정적으로 말한다.

자존감이 낮은 친구들은 작은 성공 경험을 하게 해 주고, 자신에 대한 긍정적인 이미지를 갖게 해 주는 방향으로 코칭을 하는데, 워낙 오랫동안 자존감이 낮은 상태로 살아온 친구들은 긍정성을 갖는가 싶다가도 금세 자기부정의 상태로 원상 복귀해 버리곤 한다.

자존감은 나무의 뿌리와 같아서 한 번 썩게 되면 나중에 아무리 좋은 비료와 햇빛을 많이 주어도, 회복하는 데 시간이 많이 걸린다. 자존감이 한 번에 세워지지 않듯이 무너진 자존감을 치유하는 것도 쉽지 않다.

자기라는 기준점이 없는 아이들

나에 대해 모르고, 알고 싶어 하지도 않고, 남의 욕구를 내 욕구인 것처럼 생각하는 이 아이들, 즉 자존감이 낮은 아이들이 문제가 되는 이유는 자기 기준이 없다는 것이다. '내'가 없다는 것은 어떤 일을 할 때, 혹은 어떤 결정을 내릴 때 나 스스로를 견주어 볼 수 있는 기준점이 없다는 것이다. 그러기에 결국은 외부 환경이나 다른 사람에 의해 끌려다니는 '을'의 인생을 살 수밖에 없는 것이다.

나는 학생들에게 '나 알기'의 중요성을 컴퍼스에 비유해서 이야기한다. 컴퍼스로 원을 그리기 위해서는 일단 가운데 기준점에 한쪽 다리를 놓아 중심을 잡고 나머지 다리로 그림을 그려야 한다. 기준을 잘 잡아야 매끈하고 예쁜 원을 그릴 수 있다. 가운데 기준점을 잡고 있는 것이 '나'이다. 내가 좋아하는 것, 내가 흥미 있는 것, 하고 싶은 것, 중요하게 생각하는 가치 등이 모두 '나'에게 포함된다.

내가 어떤 공부를 할지, 어떤 직업을 선택할지, 어떤 삶을 살지는 모두 이 기준점에서 시작해야 한다. 요즘같이 어려운 세상에서 내가 하고 싶은 일만을 하며 살 수만은 없기에, 내가 나라는 중심점과 얼마나 멀리 전공을 고르고, 직업을 선택할지는 유동적일 수 있다. 어떤 사람은 나와 좀 더 가깝게 해서 작은 원을 그리기도 하고, 어떤 사람은 좀 더 멀리 큰 원을 그리기도 한다. 그렇지만 인생의 원을 그릴 때 그 중심에 '나'가 없으면 그 인생은 내 인생이 아닌 남의 인생이 된다.

"내 인생에 왠지 바퀴가 빠진 것 같아."

　내가 없다는 것은 이런 느낌이다. 대학에 와서야 자신의 인생에 바퀴가 빠져 있다고 느끼는 아이들, 그때서야 바퀴를 끼워 주는 것은 너무 늦다. '나' 공부는 평생 해야 하는 공부이지만, 그렇기 때문에 어릴 때부터 시작해야 근육이 생겨 잘할 수 있는 공부이다. 그 연습이 안 된 아이들은 대학에 와서 자기를 제대로 마주하지 못한다.

03
순한 양으로
길러진 아이들

'Why'를 묻지 않고 'No'를 못 하는 아이들

"수년 동안 나는 과대망상과 우울증의 롤러코스터를 타며, 아버지의 인정을 받아야 한다는 강박에서 벗어나기 위해 고군분투했다. 지난날 나는 행복할 수 있는 기회를, 자유로울 수 있는 기회를 잃었다. 그리고 다른 이의 성공에 두려워하지 않고 그들이 세상에 미치는 좋은 영향을 인정할 때 느끼는 기쁨 또한 잃었다."

윌리엄 데레저위츠는 《공부의 배신》(다른 펴냄)에서 명문대 학생들이 겪는 아픔을 이야기하며 엘리트 교육에 대해 날카롭게 비판을 한다. 지금의 교육 시스템은 아이들에게 배움과 성공 중 하나만 고르도록 강요하고 있으며, 성공을 고른 아이들은 시스템에 잘 맞추어진 순한 양으로 길러지고 있다고 말한다. 좋은 고등학교, 좋은 대학교, 좋은 직장에 들어가기 위해 어릴 때부터 순한 양으로 길러진 아이들은 부모의 의지대로 움직이고, 시스템이 원하는 대로 방향을 잡는 것이 관성이 되어 버린다. '왜'라는 질문을 던지지 않고 그냥 앞으로 전진만 할 뿐이다.

《꽃들에게 희망을》(시공주니어 펴냄)이라는 책에는 성공하고 싶은 애벌레가 나온다. 이 애벌레는 어느 날 많은 애벌레들이 열심히 기둥에 오르고 있는 것을 보고는 그 기둥 끝이 궁금해서 기둥으로 향한다. 그리고 거기에서 그 기둥이 위에 무엇이 있는지 알지도 모른 채 남들이 오르니까 무조건 위를 향해 오르는 많은 애벌레들로 이루어져 있다는 것을 알면서도 위로 향한 행렬에 동참한다. 기둥 위에 뭐가 있는지도 모르는 채 좋은 성적을 받고 좋은 스펙을 쌓으면 무언가를 얻을 수 있을 것이라 생각하고 위로 오르는 아이들의 모습과 흡사하다.

윌리엄 데레저위츠는 아이를 이렇게 '순한 양(Excellent Sheep)'을 만드는 데 일조하는 사람이 바로 부모라고 지적한다. 아이들의 일거수일투족을 관리하고 감독하는 헬리콥터 부모와 정반대로 아이에 대해 전혀 신경 쓰지 않는 방임형 부모, 두 가지 부모들 모두 아이가 순한 양이 되도록 부추긴다. 과보호하는 부모 밑에서 자란 아이들은 부모의 기대에 부응해서 사랑과 인정을 받기 위해 순한 양이 되고, 방임하는 부모 밑에서 자란 아이들은 반대로 부모의 관심을 끌고 맘에 들기 위해 순한 양이 된다. 윌리엄 데레저위츠는 성적에 대한 부모의 인정이 이들을 떠오르게 하는 풍선이라고 말한다.

설득 심리학 전문가인 김호 박사는 그의 저서 《나는 왜 싫다는 말을 못 할까》(위즈덤하우스 펴냄)에서 자신이 오랫동안 싫은데도 '좋아요'라고 말하는 거짓말쟁이로 살았던 경험을 얘기한다.

"왜 이렇게 거짓말쟁이가 되었을까? 돌아보면 난 어린 시절 '좋은 아이=부모의 말을 잘 듣는 아이'란 등식을 머릿속에 새기고 살아왔다. 부모의 이야기에 "네."라고 말할 때 나는 칭찬받았고, 어린 마음에 부모의 칭찬을 받으려면 마음속에 싫은 것이 있을 때에도 "네."라고 말해야 하나 보다 했다. "네."라고 말할수록 "착하다."라는 말을 많이 들을 수 있었다. 어린 시절 "호야, 네 생각은 어떻니?"라는 질문을 받는 기억이 별로 없다."

마흔이 지나서야 '아니요'라고 말할 수 있는 연습을 하게 된 김호 박사는 어린 시절 자신의 모습에 대해서 가장 후회되는 점이 자신이 무엇을 원하는가에 집중하기보다 다른 사람이 무엇을 원하는 가에 대해 신경 쓴 것이라 말한다. 인정받고 잘 보이기 위해 거짓말을 하느라 진정한 '어른'이 늦게 되었음을 아쉬워한다. 그래서 지금은 이전의 자신처럼 '아니요'라고 말하지 못하는 사람들을 위해 컨설팅을 하고 있다.

순한 양의 진짜 문제는 두려움이다

실제 내가 대학에서 만나는 대학생들 중에도 순한 양들이 많다. 윌리엄 데레저위츠가 지적한 '사회가 착하다고 평가하는 시스템' 안에 순종

하며 살아온 순한 양들, 김호 박사의 표현대로 '자신의 머리 어디쯤인가 떠오르는 말풍선을 밖으로 끄집어내서 솔직하게 전달할 줄 아는 사람'으로 자라지 못한 순한 양들, 이들의 진짜 문제는 자기가 원하는 게 뭔지 모르고 그걸 제대로 표현하지 못하는 데 있는 게 아니다.

이들의 진짜 문제는 도전하지 않는 것이다. 이들을 순한 양으로 만든 것은 두려움이다. 성공하지 못할 것 같은 두려움, 인정받지 못할 것 같은 두려움, 다르게 보이는 것에 대한 두려움 등으로 가득 차 있다. 그래서 잘할 것 같지 않으면 도전하지 않는다. 잘하는 것이 아니면 시도하지 않는다. 편한 관계가 아니면 관계를 만들지 않는다. 아예 관계 자체를 만들려고 시도하지 않는다. 누군가 만들어 놓은 길을 따라가는 것에는 익숙하지만 이들에게는 자신의 길을 창조할 수 있는 용기와 자유가 없다.

지금까지는 이렇게 순한 양으로 키워지더라도 제한된 시스템 안에서 나름대로 성공하고 살 수 있었는지 모른다. 그런데 우리 아이들이 살아갈 미래 사회는 절대 순한 양을 원하지 않는다. 좋은 학점을 받은 졸업생보다는 대학을 다니는 동안 자신의 전공뿐만 아니라 전공이 아닌 다른 분야에 대한 도전 경험이 있는 학생을 원한다. 틀 안에서 성공 경험만을 쌓아 왔던 학생들보다는 틀에서 벗어나 다양한 경험에서 실패 경험을 많이 쌓은 학생들을 원한다.

현재 뉴욕에서 유명한 패션 디자이너로 활동하고 있는 한 여성 CEO의 강의를 들은 적이 있다. 그녀는 자신이 원하는 분야에서 지금처럼 성공할 수 있었던 데는 늘 실패를 응원해 준 어머니가 있었다고 했다. 자신이 어떤 일에 실패를 하면 오히려 어머니는 "축하해. 이제 실패를 한 번 했으니 아홉 번만 더 실패하면 성공하겠구나." 하고 격려를 해 주었다고 한다. 어머니의 이런 실패에 대한 격려 덕분에 도전하는 것을 두려워하지 않게 되었고, 지금도 창의적인 일을 자신 있게 할 수 있다고 말하는 점이 인상적이었다.

자녀를 순한 양으로 만드는 부모들은 성공에 대해서만 칭찬할 뿐 실패에 대해서는 칭찬하지 않는다. 90점을 받아 오면 왜 100점을 못 받았는지 다그치고, 누가 너보다 더 잘 보았는지 묻는다. 그러니 아이들이 어떻게 실패를 편안하게 받아들일 수 있겠는가? 실패를 감수하면서까지 새로운 일에 도전하겠는가?

순하지 않은 양이 결국은 순한 양을 앞지른다

이 글을 읽으며 본인의 자녀가 순한 양으로 클 가능성이 다분하게 보인다면 지금부터라도 '착한 척', '잘하는 척' 하는 힘든 가면을 내려놓을 수 있도록 도와야 한다. 머지않아 착한 아이들이 보일 다음과 같은 문제에 대해 미리 생각해야 한다.

- 부모에게 자신의 잘못이나 실수를 말하지 않고 숨기며 거짓말을 한다.
- 착하게 보이려는 욕구, 인정받으려는 욕구가 스트레스로 작용하여 마음의

병을 갖는다.

- 늘 비교당하는 게 습관이 돼서 비교하지 않고는 자신을 판단하기가 힘들다.
- 어떤 일을 할 때 "내가 하고 싶은가?"보다 "잘할 수 있을까?"를 먼저 생각해 쉽게 도전하지 않는다.
- 자기가 진짜 원하는 게 뭔지 모른다.
- 스스로 무엇인가를 결정하고 실천하는 일이 두렵다.
- 철이 들어 자신을 순한 양으로 만든 게 부모임을 알게 되면 부모를 한없이 원망한다.

중·고등학교 6년, 더 나아가 초등학교를 포함해 12년이란 시간 동안 순한 양으로 착하게 말 잘 들으면서 시스템 안에서 좋은 성적을 받는 아이로 키우면 부모 입장에서는 좋을지 모른다. 그런데 그렇게 키워진 아이들은 대학에 들어가서 옴짝달싹하지 못한다. 순한 양으로 살지 않고, 저돌적으로 자신이 하고 싶은 일에 용감하게 뛰어들었던 아이들에게 곧 뒤처지게 될지도 모른다. 그러니 자신에게 '아니요'라고 말하는 자녀에 대해 다르게 생각할 필요가 있다. 《인생 수업》(이레 펴냄)의 저자 엘리자베스 퀴블러 로스의 말처럼 말이다.

"많은 부모가 자녀로부터 거절당하면 불행해합니다. 사실 아이들이 적절한 시기에 '아니요'라고 말하는 법을 배우는 것은 멋진 일입니다. 우리는 너무 늦기 전에 '아니요'라고 큰 소리로, 분명하게 말하는 법을 배워야 합니다."

04

나눔과 소통에
서툰 아이들

관 계 에 서 썸 타 는 아 이 들

《20대 트렌드 리포트》^(대학내일 펴냄)라는 책에서는 20대를 대표하는 트
렌드 중 하나로 '썸맥'과 '관태기'를 꼽았다.

- 썸맥 – 넓고, 얕고, 짧게 만나는 썸 타는 인간관계
- 관태기 – 관계 맺기에 권태기를 느끼는 것

이 리포트에 따르면 관계를 '안' 맺는 20대가 늘고 있으며, 필요한 관
계가 아니면 굳이 친해지려고 노력하지 않는다. 한마디로 요즘 젊은이
들은 썸 타는 인간관계를 맺는 것에 편하다는 것이다. 수업시간에 만나
는 대학생들을 봐도 정말 그렇다. 교수에게 잘 다가오지 않고 형식적인
관계만 유지한다. 같이 수업 듣는 학생들끼리도 적당히 필요한 관계만
유지한다. 연애에서도 비슷하다.

요즘 20대들은 사람과 깊은 관계를 맺는 것이 어려운 걸까? 깊은 관계를 별로 원하지 않는 것일까? 아마 두 가지 모두 해당될 것이다.

감정 코칭 전문가인 최성애 교수는 《내 아이를 위한 감정 코칭》^{(한국경}

^{제신문사 펴냄)}에서 다음의 표를 제시하며 요즘은 외둥이로 혼자 자라는 아이가 많고, 관계를 맺고 살 기회가 적어지다 보니, 아이들이 감정을 잘 만나고 처리하는 연습을 할 기회가 없다고 말한다.

구성원의 수	1	2	3	4	5	6	7
관계의 수	0	1	6	25	90	301	966

가족의 구성원 수가 많아질수록 경험할 수 있는 관계의 수가 많아진다. 관계의 수를 많이 경험하면 그 관계에서 다양한 감정의 경험, 갈등의 경험을 하게 되고 그것을 어떻게 대처할지도 배우게 되는데 핵가족이 되고, 공동체가 사라지면서 요즘 아이들은 소중한 관계 경험을 할 기회가 줄어들고 있다. 그런다고 억지로 애를 더 낳아 관계의 수를 높여 줄 수는 없는 노릇이니, 적어도 엄마, 아빠, 아이 이렇게 3명의 구성원이 있을 때 6가지 관계의 수에서라도 관계의 질을 높여야 한다.

그런데 가장 가까운 부모와의 관계에 있어서도 '썸'을 타야 했던 아이들은 어떨까? 부모가 아이에게 이것저것을 하라고 알려 주고 그 과정을 살펴보지만, 부모와 아이가 심리적으로 연결되지 못한 관계라면 아이는 어디에서도 깊은 관계를 배우지 못하는 셈이 된다.

서로 썸 타는 어색한 관계를 깨기 위해 나는 수업 중에 적극적으로 관계 맺기를 해 주려고 노력한다. 그래서 내가 시도하는 것이 '마니또 게임'이다. 비밀친구가 되어 그 친구의 수호천사가 되어 주는, 고전적이며 아날로그적인 게임이다. 자신의 마니또를 랜덤으로 뽑고 한 주 동안 그 친구에게 개인적으로 연락해서 음료수 한 잔 사 주고 얘기를 나누며 그 친구에 대해 알아 오는 게 미션이다. 사실 요즘 아이들은 마니또 게임이 뭔지 모른다. 이렇게라도 하지 않으면 같이 수업을 듣는 모르는 친구들과 서로에 대한 얘기를 나누는 시간을 가지려 하지 않는다.

협력이 어려운 아이들

모르는 게 있어도 주변에 물어볼 친구가 없어서 고민이라는 학생이 있어서 "그럼 같이 수업 듣는 친구에게 물어보거나 노트를 좀 빌리면 되지 않니?"라고 물었다. 그랬더니 그 친구는 '교수님은 몰라도 너무 몰라요.'라는 표정으로 이렇게 답했다.

"상대평가 때문에 애들이 노트를 잘 안 빌려줘요. 그리고 제가 물어보는 것도 귀찮아해서 그냥 저 혼자 어떻게든 공부해 보려고 해요."

아이들이 학교에서 경험하는 관계 자체가 경쟁적이다. 한 줄 세우기의 시스템하에서 누군가의 앞에 서기 위해 경쟁해야 했던 아이들이 관계에 대해 편하게 생각할 리가 없다. 경쟁 자체가 관계에 대한 부정적인 태도를 주었을지 모르지만, 경쟁의 관계에 익숙해지다 보면 자연스레 자신의 약점을 드러내지 않으려는 소극성을 갖게 한다. 그래서 적당히 썸 타는 미적지근한 관계가 편해졌을지도 모른다.

이혜정 박사가 쓴 《누가 서울대에서 A⁺를 받는가》(다산에듀 펴냄)라는 책에는 서울대 학생들이 협력하는 방식과 미시간대 학생들이 협력하는 방식이 어떻게 다른지 나온다. 우리나라 학생들의 경우 일단 팀 프로젝트를 하면 손해 본다는 생각을 주로 가진다. 혼자 하면 더 쉽고 빨리 잘할 텐데 같이 해서 시간도 뺏기고 성과도 혼자 한 것보다 제대로 나지 않는다고 생각한다. 반면 미국 대학생들은 팀 프로젝트에 대해서 호의적이다. 서로 다른 의견을 나누면서 서로 윈윈 할 수 있다고 생각한다.
이러한 생각의 차이는 협력 방식에서도 드러난다. 우리나라 학생들은 각자 맡은 부분을 하고 팀장이 수합해서 정리하는 방식으로 팀 프로젝트를 수행한다. 그러다 보니 협력 학습이 '더하기' 효과에 그친다. 반면 미국 대학생들은 누구 한 명이 결과를 떠맡기보다는 전체 과정을 협력하며 그 과정에 더 중점을 둔다.

기업은 회사에 들어온 신입사원들이 기존의 직원들과 협력할 줄 모른다며 제발 대학에서 협업능력을 가르쳐 달라고 요구하는데, 정작 대학생들은 협력에 대한 마음이 닫혀 있는 데다가 대학의 상대평가 제도는 그 마음을 더 굳게 걸어 잠그게 만들어 버린다. 참으로 답답한 노릇이다.

누구에게든, 어떤 일이든, 긍정적 경험이 중요하다. 어릴 때부터 누군가와 함께 협력하는 활동이 즐거운 활동이면서 의미 있는 활동의 경험이었던 아이들은 협력에 대해 적극적이고 긍정적이다. 그렇지만 협력하는 기회가 많지 않았던 아이들에게, 그리고 협력했던 기억이 좋지 않았던 아이들은 협력을 귀찮은 것, 손해 보는 것으로 여긴다. 이제 협력 없이 살 수 없는 사회가 되었는데, 후자인 친구들은 어떻게 해야 할까?

장거리 선수가 빛을 발한다

지근을 길러야 한다

단거리 선수와 마라톤 선수의 근육은 다르다. 단거리 선수는 신경자극에 빨리 반응하고 수축력이 뛰어난 속근 섬유가 더 발달되어 있다. 이 근육은 단기간에 힘 있게 반응하지만 또 쉽게 피곤을 느낀다. 반대로 마라톤 선수는 오랜 시간 반복해서 힘을 발휘하는 지근 섬유가 발달되어 있는데, 이 섬유는 반응속도는 느리지만 쉽게 피로하지 않는다. 단거리 선수는 짧은 시간 내에 긴장을 폭발시켜야 하나 마라톤 선수는 장기간에 걸친 긴장을 유지해야 한다.

단거리 뛰기가 아니라 장거리 뛰기에 적합한 근육을 키우려면 어떤 점을 중요시해야 할까? 심리학자 앤젤라 더크워스는 10년 넘게 성공에 대한 연구를 한 결과 재능과 관계없이 성공하는 비밀이 '그릿(Grit)'에 있음을 발견했다. '그릿'이란 사전적으로 투지, 끈기, 불굴의 의지를 아우르는 개념이다.

그녀는 하버드대에서 진행한 연구에서 학생 130명을 대상으로 러닝 머신에서 최대 속도로 5분을 달리게 한 후 집에 돌아가게 했다. 그리고 이들을 40년간 추적조사했는데, 실험 당시 20대였던 사람들이 60대가 되자 직업이나 연봉, 삶의 만족도에 있어 여러 가지 변화가 생겨났다. 그런데 흥미로운 점은 러닝 머신 실험에서 그릿 점수가 높았던 사람이 40년 뒤에 성공적인 삶을 살고 있다는 것이었다. 이 실험에서 그릿 점수는 체력의 한계가 왔음에도 불구하고 포기하지 않고 몇 발자국이라도 더 뛰었는가를 바탕으로 매겨졌는데, 결국 자신의 한계점에서도 포기하지 않고 끝까지 해내려고 했던 사람이 장기적으로 보았을 때 성공한다는 것이다.

"'난 여기까지야.' 라고 말하지 마세요.
우리는 누구도 자신이 갈 수 있는 한계까지는 가 보지 못했습니다."

앤젤라 더크워스가 한 이 말을 아이도, 부모도 할 수 있어야 한다. 어릴 때부터 아이의 한계를 성적의 틀에 가두어 단거리 뛰기에 강한 선수로 키우는 데 만족하지 말고 오래, 행복하게, 자신의 잠재력을 발휘하면서 뛸 수 있는 아이로 키워야 한다. 그러기 위해서는 아이도, 부모도 멀리 내다보며 장거리 선수처럼 뛰어야 한다.

나의 자녀 교육 속도는?

사회 변화 속도는 그 어느 때보다 빨라졌다. 그 변화 속에서 교육도 급속히 바뀌고 있다. 당신은 과연 빠르게 변화하는 속도에 맞추어 아이를 교육하고 있는가? 다음의 경우 중 나는 어디에 해당하는지 스스로 점검해 보자.

역방향으로 달리는 부모 (속도 −)	☐ 종종 혼잣말이나 자녀에게 "내가 클 때는 안 그랬는데." 라는 얘기를 한다. ☐ 나는 아무리 사회가 변해도 좋은 성적, 좋은 대학, 좋은 직장이 성공에 결정적인 역할을 한다고 믿는다. ☐ 내 아이가 좋은 대학에 갈 수 있도록 도와주는 것이 내가 할 수 있는 가장 최선의 교육이라고 생각한다.
정지해 있는 부모 (속도 0)	☐ 내 아이가 만날 미래는 지금과 어떻게 다를지 깊이 생각해 보지 않았다. ☐ 내 아이가 만날 미래는 지금과 크게 다르지 않을 것이라 생각한다. ☐ 일단 우리 아이가 좋은 대학에 들어가는 것이 급선무다.
순방향으로 천천히 달리고 있는 부모 (속도 < 30)	☐ 우리 아이가 만날 미래는 지금과 어떻게 다를지 궁금하다. ☐ 미래에 필요한 인재로 아이를 키우기 위해 부모로서 무엇을 해야 하는지 알고 싶다. ☐ 사회 변화에 관심을 가지고 있다.
순방향으로 빠르게 달리고 있는 부모 (속도 > 30)	☐ 우리 아이가 만날 미래는 지금과 어떻게 달라질지 구체적으로 안다. ☐ 내 아이를 미래에 필요한 인재로 키우기 위한 방법에 대해서 다양한 방법으로 적극적으로 배운다. ☐ 미래 인재로 키우기 위해 부모로서 할 수 있는 일을 지속적으로 실천한다.

아이를 역방향이 아닌 순방향으로 키우려면 미래 교육의 핵심 코드 다섯 가지를
알아야 한다. 성장의 동력이 되는 자기력, 기계에 맞설 인간력, 새로운 가치를
만드는 창의융합력, 다름이 도움이 되는 협업력, 지속 가능한 평생배움력,
이 다섯 가지 미래 교육 코드가 곧 아이의 미래력을 키우는 방법이다.

PART
2

다섯 가지 미래 교육 코드로
내 아이의 미래력 키우기

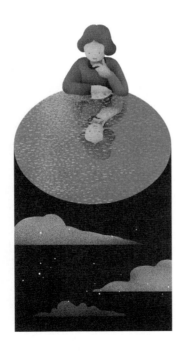

Chapter

자 기 력 :
성 장 의 동 력 이 되 는 힘 을 길 러 라

"이렇게 혼란스러운 시대에는 자신의 정체성과 능력,
가치를 분명하게 아는 강인한 자아(Self)가 필요하다.
외부에서 안정을 찾을 수 없다면 스스로 내면을
만들어 내야 한다. 따라서 자존감이 낮은 사람들에게는
특히 힘든 시대이다.**"**

세상에서 가장 힘든 공부, 그리고 평생 해야 하는 공부가 자기에 대한 공부라는 말이 있다. 그만큼 자기를 잘 안다는 것은 어려운 일이다. 그러나 어려운 일이자 가장 가치 있는 일이다. 아이의 미래력을 키워 주는 데 있어서 부모들이 제일 먼저 집중해야 할 부분이 '자기력'이다. 자기력이 있으면 아이 안에 손잡이가 있어 스스로 자신의 문을 열고 바깥 세계로 나갈 수 있다. 자기력이 든든한 아이는 '자기'라는 나침반의 도움을 받아 미지의 세상에서 하고 싶은 일을 찾아 나설 수 있다.

0 1

흔들리지 않는
내가 필요하다

흔들리는 시대일수록 뿌리가 깊어야 한다

아이들이 살아갈 미래는 지금 부모들이 체감하는 것보다 변화의 폭과 속도가 커질 것이다. 변화의 폭과 속도가 커진다는 것은 우리 아이들이 늘 흔들리며 살아가야 한다는 의미이기도 하다.

한 가지 전공을 공부해서 그 전공을 가지고 한 가지 직업을 가지고 살았던 부모들과는 달리, 우리 아이들은 앞으로 다양한 융합 전공을 하게 될 것이고, 살면서 몇 번이고 자신의 직업을 바꾸게 될 것이다. 지식의 변화의 속도는 더 가속화될 것이며, 세상은 더욱더 다원화될 것이다.

더 치열해지는 경쟁 시대, 변화의 속도가 빠르고 다양해지는 사회에서 살아야 할 아이들에게는 어떤 지식이나 기술보다 '자기'가 필요하다. 자기에 대한 뿌리가 깊을수록 아이는 다른 사람이나 외부 상황에 쉽게 흔들리는 '을'의 삶이 아닌, 자기가 주도하는 '갑'의 삶을 살 수 있다.

《살아갈 힘》^(오리진하우스 펴냄)이라는 책에서 저자인 텐게 시로는 학력 붕괴의 시대에 부모가 아이들에게 꼭 물려주어야 할 것은 '살아갈 힘'이라고 말한다. 그는 살아갈 힘을 키워 준다는 것은 시험에서 좋은 점수를 받도록 훈련시키는 것이 아니라, 두 발로 대지를 단단히 딛고 서서 자신의 존재를 긍정하고 자아실현에 스스로 도전하는 아이로 키우는 것이라 말한다.

살아갈 힘을 키워 주는 맨 첫 단계는 바로 자신의 뿌리를 단단히 내릴 수 있도록 돕는 것이다. 요즘 아이들은 자신의 뿌리를 내릴 기회를 충분히 갖지 못한다. 내가 좋아하는 일, 하고 싶은 일, 흥미 있는 일을 찾으면서 자기의 뿌리를 내리기도 전에 남과 비교당하면서, 부모님의 욕심에 여기저기 끌려다니면서, 의미 없는 칭찬과 체벌에 오염되어 흔들림을 당하기 때문이다.

"요즘 애들은 하고 싶은 게 뭐냐고 물어도 모르겠다고 하고, 다들 생각이 없어요."

대학생이나 되어서도 자기가 뭘 잘하는지, 뭘 하고 싶은지 모르는 학생들을 비난하는 교수님도 이해가 되지만, 난 이런 학생들이 안타깝다. 대학에 들어올 때까지 자신의 욕구를 들여다보지 말라고 요구당하면서 살았는데, 그래서 '자기'를 들여다보는 근육이 약해진 애들에게 '자기'를 못 들여다본다고 비난하는 셈이기 때문이다.

"네모반듯한 두부가 되게 교육시켜 놓고서는 이제 와서 다시 콩이 되라는 거죠."

남과 비슷해지는 일반화 교육을 시켜 놓고서 대학에 와서 자신의 개별성, 차별성을 찾으라는 모순된 교육을 꼬집으며 아는 교수님이 한 말씀이다.

이렇게 네모반듯한 두부가 되어 대학에 들어온 학생들 중에 많은 학생들이 방황을 거듭한다. 획일화된 교육이, 학교가, 학원이, 그리고 부모가 그동안 자신을 네모반듯하게 만들어 주었는데, 이젠 그런 외부의 틀이 없으니 자신을 어떻게 만들어 나가야 할지 알지 못한다. 이런 학생들 중에는 지금껏 작용하던 외부 동력이 갑자기 멈추자 무기력이나 우울을 경험하기도 하고, 자신의 관심이나 적성과는 관계없이 들어온 학과에 적응하지 못해 대학 생활 부적응을 겪기도 한다.

심한 무기력증에 빠진 대학생을 코칭할 때의 일이다. 낮 1시에 느지막이 일어나고 새벽 5시까지 핸드폰이나 게임을 하는 학생에게 계획표를 세워 보자고 했다. 그랬더니 이 학생이 바로 이렇게 대답했다.

"교수님이 원하는 방식대로 계획표 짜 드릴 수 있어요. 저 그런 거 잘하거든요. 고등학교 때도 부모님이 좋아하시게 선생님 마음에 들도록 그런 거 만들어 주는 거 질리도록 많이 해 봤어요."

자신을 위한 계획표를 세워 보자는 제안에 바로 내가 원하는 대로 해 주겠다고 말하는 이 학생의 반응은 내가 원해서가 아니라 다른 사람이 원해서 어떤 일을 해 왔던 경험에서 나오는 반응이다. 이렇게 스스로를 '을'의 위치로 전락시키며 무기력하게 무너지는 학생들을 보면 앞으로 살면서 겪을 더 큰 바람을 어떻게 헤쳐 나갈지 걱정이 된다.

자기력이 강한 아이는 다르다

우리나라 정규 교육과정 때문에 어쩔 수 없이 네모반듯한 두부가 되어 대학에 들어왔지만, 자신의 길을 잘 만들어 가는 학생들도 있다. 그 학생들이 가진 저력은 바로 자기력이다.

내가 정의하는 자기력은 '자기 자신을 제대로 이해하고, 자신을 긍정하며, 자신을 개발할 줄 아는 능력'이다. 자기 자신을 제대로 이해한다는 것은 자신이 무엇을 좋아하는지, 무엇을 잘하는지, 남들과 차별화된 점은 무엇인지, 자신의 욕구가 무엇인지를 명확하게 아는 것이다. 자기 자신을 제대로 이해하는 사람은 자신만이 가진 색깔과 향기를 볼 줄 알기에 자신에 대한 긍정적인 태도가 있다. 그리고 자신에 대한 긍정이 있기 때문에 자신을 더 잘 가꾸고자 노력하고, 자신의 삶을 발전시키려는 욕구가 강하다.

자기력이 있는 아이들은 비록 자신이 원하지 않는 대학에 들어왔더라도, 원하지 않는 학과에 왔더라도, 일단 현재 발을 내딛고 있는 곳에서 '나'와 연결된 새로운 출구를 찾으려고 애쓴다. 원하지 않는 상황이 되었다고 상황을 비난하거나, 그렇게 만든 교육이나 부모님을 원망하기보다는 다시 거기에서 나라는 뿌리를 내려보려고 애쓴다.

자신이 원래 하고 싶었던 분야를 부전공하기도 하고, 자신이 좋아했던 일을 취미로 계속할 수 있는 동아리 활동을 하기도 하고, 원하지 않았던 전공 안에서 자신이 좋아하는 것과 관련된 세부 전공이나 취업 분야가 무엇이 있는지 적극적으로 알아보기도 한다.

내가 어떤 사람인지를 잘 아는 아이들, 자신에 대한 긍정성을 가진 아이들은 변화라는 바람에 살짝 흔들리는 정도이지 그 바람에 쉽게 쓰러지지 않는다. 흔들림 속에서도 변하지 않는 나라는 힘이 버텨 주기 때문이다. 자기력이 강한 학생들은 새로운 환경에서도 금세 자기라는 뿌리를 내린다.

그러나 자기력이 없는 학생들은 당장 학교를 그만둘 생각, 전공을 바꿀 생각을 먼저 하고, 그런 고민을 하느라 우울증, 학업 부진 등 대학 생활에 부적응을 겪는다. 자기력이 낮은 학생들은 흔들림 속에서 나를 잡아 줄 나라는 강력한 힘이 없기 때문에 변화의 바람에 어찌할 바를 모르고 쉽사리 남들이 가는 길로 따라가고, 끊임없이 앞에 닥치는 유혹과 갈등에 흔들린다.

'나'를 아는 것, 그리고 '나'를 사랑하는 것은 결국 어떤 흔들림 속에서도 길을 찾을 수 있도록 해 주는 나침반이다. 언제까지나 부모가 아이의 곁에서 바람을 막아 줄 수는 없다. 아이가 스스로 바람에 잘 견딜 수 있도록 자기력을 키워 주어야 한다.

02

행복과 성공의 근력은
자기력이다

자기력은 마음의 쿠션이다

아이가 힘들거나 외롭거나 의기소침해질 때, 평생 편히 기댈 수 있는 쿠션이 있다면 얼마나 좋을까? 아이가 어릴 때는 부모가 그 쿠션의 역할을 해 줄 수 있다. 넘어져서 무릎이 깨지고, 친구와 다투어 속상하고, 시험을 망쳐서 화가 나는 상황마다 달래 주고 위로해 줄 수 있다.

그러나 부모가 아이 마음의 쿠션 역할을 해 줄 수 있는 시기는 아주 짧다. 그렇기 때문에 평생 아이가 기댈 자신만의 쿠션, 즉 자기력을 만들 수 있도록 도와야 한다.

자기계발 전문가인 조신영 대표의 《쿠션》(비전과 리더십 펴냄)이라는 책은 행복의 조건이 되는 공식을 푸는 과정을 소설 형식으로 다루고 있다. 늘 사는 게 짜증이 나고 모든 게 불만인 바로는 어느 날, 한 번도 보지 못한 할아버지에게서 편지를 한 통 받게 된다. 엄청난 부자인 할아버지는 바로에게 어마어마한 유산을 남겼는데, 그 유산을 받기 위해서는 할아버지가 낸 문제에 들어갈 단어를 맞혀야 한다. 과연 다음 문제의 정답은 무엇일까?

$$R\underline{\hspace{4cm}} + A\underline{\hspace{4cm}} = \underline{\hspace{4cm}}y$$

정답은 'Response + Ability = Liberty'이다.

이 책에는 '우물이 얼마나 깊은지는 돌맹이 하나를 던져 보면 안다.'는 비유가 나온다. 돌이 물에 닿는 데 걸리는 시간과 그때 들리는 소리를 통해서 우물의 깊이를 측정하는 것이다. 사람도 마찬가지다. 사람 마음의 깊이는 다른 사람이 던지는 말을 통해 알 수 있다. 누군가의 말 한마디에 흥분하고 흔들린다면 그건 그 사람의 마음이 얕다는 증거이다.

외부에서 오는 자극과 그 자극에 대한 반응 사이에는 공간이 존재한다. 그 공간 사이에 쿠션이 있으면 자유로운 삶을 살 수 있다. 외부의 반응을 선택할 수 있는 능력이 진정한 자유에 이르는 길이다. 외부의 반응을 선택할 수 있는 능력인 쿠션이 바로 내가 얘기하는 자기력이다. 자기력이 있는 아이들은 어떤 문제가 생겼을 때 그것에 휘둘리지 않고 자신과 그 문제를 분리할 줄 아는 능력이 있다.

자기력은 행복을 누릴 줄 아는 능력이다

"이렇게 혼란스러운 시대에는 자신의 정체성과 능력, 가치를 분명하게 아는 강인한 자아(Self)가 필요하다. 외부에서 안정을 찾을 수 없다면 스스로 자기 내면을 만들어 내야 한다. 따라서 자존감이 낮은 사람들에게는 특히 힘든 시대이다."

자기력의 기본은 자존감이다. 자존감 전문가인 미국의 심리학자 너대니엘 브랜든은 《자존감의 여섯 기둥》(교양인 펴냄)이란 책에서 자존감이 낮은 사람들에게는 앞으로가 더 힘든 시대가 될 것이라고 말한다.

혼란스러운 시대에는 선택지가 다양해진다. 우리 부모들이 4지 선다 혹은 5지 선다의 시대에 살았다면 우리 아이들은 예시가 2자리 수가 되는 시대에 살게 된다. 이렇게 선택지가 많아지는 환경에 잘 대처하려면 더 많은 '자율성'이 요구된다. 스스로 생각하고, 자신의 선택과 행동에 책임을 지는 방법을 배워 나가야 한다.

너대니엘 브랜든은 '자신이 행복을 누릴 만한 사람이라는 생각'이 자존감의 본질이라고 말하는데, 이 말에 따르면 자존감이 없으면 행복을 누릴 줄 모른다. 자신이 행복을 누릴 만한 사람이라고 생각을 하면, 이 생각이 우리가 어떤 행동을 할 때 동기를 부여하고 그 동기가 또 행동을 이끌어 낸다. '자기 충족적 예언(Self-fulfilling Prophecy)'의 효과대로 자신이 행복을 누릴 만한 사람이라고 예언하면 실제 현실에서 그 예언이 충족되는 방향으로 이루어진다.

낮은 자존감을 가진 아이들은 행복을 감당할 수 있는 용기가 부족하다. 낮은 자존감은 행복에 대한 불안을 야기시키고, 어떤 일을 하든 이 불안감은 내면에서 파괴적인 목소리를 낸다.

"너는 할 수 없어."
"너는 부족해."
"사람들이 비웃을 거야."
"넌 그럴 자격이 없어."

너대니엘 브랜든의 비유를 빌리자면 자존감은 음식이나 물보다는 '칼슘'과 비슷하다. 칼슘이 부족하면 면역체계가 약해져서 쉽게 병에 걸리고 회복에 시간이 걸린다. 칼슘이 부족하다고 해서 당장 죽는 것은 아니지만, 건강한 삶을 살기 위해 필요한 여러 신체 능력에 부정적인 영향을 미친다. 몸에 있어서 칼슘의 역할처럼, 자존감이 있는 아이들은 몸과 마음이 건강한 삶을 살기 위한 기본적인 능력을 갖춘 셈이다.

자신의 능력과 가치를 알아보는 사람은 다른 사람의 능력과 가치를 알아볼 수 있기 때문에 사람들과의 관계 맺기가 건강하다. 아이가 행복한 삶을 살기를 원한다면 스스로 행복한 삶을 살 가치가 있다고 느끼게 만들어 주는 자존감을 세워 주는 일에 먼저 집중해야 한다.

나는 대학 신입생들을 대상으로 강의를 할 때면 대학에서 가장 중요하게 생각해야 할 공부가 '자기' 공부임을 강조한다. 지금껏 대입이라는 족쇄에 묶여 자신에 대해 공부할 기회를 많이 가지지 못했기 때문에 지금이라도 자신을 찾는 일에 적극적이어야 한다고 힘을 주어 말한다. 그러나 실상은 많은 대학생들이 노느라, 혹은 스펙을 쌓느라 정신이 팔려 자신에 대해 고민하는 데 시간을 쓰지 못한다.

전 하버드 대학 총장이었던 제임스 코넌트는 "교육이란 네가 그간 배운 모든 걸 잊어버리고 난 뒤에 남는 것이다."란 말을 했다. 대학에서 배운 것들은 결국 기억에서 사라질 것이고, 결국 남는 것은 대학 생활에서 형성한 '자아'가 될 것임을 강조한 말이다.

실제 자기 이해는 교육학에서는 '자기이해지능'이라고 부를 만큼 중요하다. 다중지능 이론을 만든 하워드 가드너 박사는 다중지능 중 하나로 자기이해지능을 설명한다. 자기이해지능은 자신에 대해 정확한 지각을 가지고 자신의 인생을 계획하고 조절하는 지식을 사용할 수 있는 능력을 말한다. 자기이해지능이 높은 사람은 자기에 대한 탐색 활동을 꾸준히 하고 자기와의 대화를 통해 계속해서 자아를 완성해 나간다.

EBS 다큐 프라임 〈아이의 사생활〉에서 다중지능에 대한 이야기가 소개된 적이 있다. 이 다큐멘터리에서는 성공한 사람의 특징을 다중지능적 관점으로 살펴보았다. 자신의 분야에서 성공한 외과 의사, 패션디자이너, 발레리나, 음악가의 다중 지능을 살펴보았는데 흥미로운 점이 있었다. 자신의 분야에서 성공한 사람들은 모두 자신에게 높은 다중지능을 직업에서 활용하고 있었는데, 이들 사이의 공통점이 모두 자기이해지능이 높다는 것이었다. 그 이유에 대해서 서울대 문용린 교수는 자기성찰이 강한 사람들은 자신이 하는 일에 대해서 '내가 왜 이 일을 하는가?'에 대해 질문하면서 이유를 굳건히 하기 때문에 어떤 일을 하더라도 더 일관되게, 지속적으로, 그리고 몰두해서 할 수 있다고 설명한다.

자기이해지능이 성취의 동력이 되는 이유는 다음과 같다.

1 **자신을 독립적으로 만들어 준다.**
2 **자신에 대한 긍정상을 만들어 준다.**
3 **자신의 적성과 재능을 잘 찾아낸다.**
4 **자신의 방식으로 좋은 결과를 만들어 낼 수 있는 시스템을 만들어 간다.**
5 **좋아하는 일에 몰입을 잘한다.**

이렇듯 자신에 대해 아는 것은 어떤 일을 하더라도 그것을 자신이 왜 해야 하고, 어떻게 해야 잘할 수 있는지, 어떤 긍정적 결과를 내고 싶은지에 대해 생각해 보게 함으로써 성취의 동력이 되는 중요한 자산이다.

03

복사본이 아닌
원본으로 키워라

아이의 모습에 덧칠을 그만두어라

그렇다면 마음의 쿠션, 행복과 성취를 위한 에너지가 되어 주는 자기력을 키워 주기 위해 부모가 해야 할 일은 무엇일까? 자기가 아닌 것으로 덕지덕지 메이크업 되어 있는 대학생들을 수도 없이 만나 온 나로서는 부모들에게 '아이들이 가진 원래의 모습에 쓸데없이 덧칠하는 일을 그만두라'고, '아이들이 자기다움을 찾도록 도와주라'고 말하고 싶다.

"우리는 원본으로 태어나 복사본으로 살아간다."

《자기다움》^(모라비안유니타스 펴냄)의 저자 권민은 이렇게 말한다. 우리는 모두 각자의 개성을 가진 원본으로 태어난다. 그런데 대중의 취향을 따라야 불안하지 않은 부모, 교육, 기타 환경 때문에 살면서 '일반형' 인간이 되어 버린다. 다 비슷한 복사본이 되어 버리는 것이다. 복사본이 되고 난 후에 자기다움을 찾고 싶다면 어떻게 해야 할까? 다시 자기답지 않는 거품을 빼는 작업을 해야 한다. 그런 의미에서 자기다움의 질문은 덧셈이 아니라 뺄셈이라고 이 책의 저자는 말한다.

더하는 것보다 빼는 게 늘 어려운 법이다. 처음부터 제대로 하면 되는 것을 실컷 더하기를 해놓고 다시 빼기를 해야 한다. 네모반듯한 두부로 만들어 놓고 다시 콩으로 돌아가라는 것처럼, 실컷 아이에게 색을 칠해 놓고는 그것을 알아서 씻어 내라는 것도 무책임한 말이다. 이 책을 읽는 독자의 아이들이 아직 어리다면 지금이라도 늦지 않았다. 나중에 이렇게 모순된 일을 하지 않도록 미리 덧칠하는 일을 그만하면 된다.

자기다움을 찾아가는 것의 천적이 바로 '비교'에서 오는 비난과 칭찬이다. 부모들이 비교만 덜 해도 아이들은 굳이 '싫은데 좋은 척, 못하는데 잘하는 척, 두려운데 자신 있는 척' 하는 가면을 쓰지 않아도 될 것이다. 아이를 조건 없이 있는 그대로 인정해 주어야 한다는 걸 잘 아는 부모들의 말조차 늘 앞에 조건, 혹은 단서가 붙는 경우가 많다. 설령 실제로 말을 그렇게 내뱉지 않더라도, 아이들은 부모의 사랑에 다음과 같은 암묵적인 조건이 달려 있음을 쉽게 알아챈다.

(말 잘 들으면) 너는 좋은 아이야.

(다른 애들만큼만 하면) 너는 훌륭해.

(공부 잘하면) 다 해 줄게.

(지금보다 좀 더 잘하면) 너를 사랑해 줄게.

이런 조건부 사랑 혹은 인정을 받기 위해 아이들은 애를 쓴다. 계속 자신에게 무언가를 덧칠하면서 말이다. 그런데 부모들이 꼭 알아야 한다. 이런 사랑과 인정은 처음에는 달콤한 사탕으로 보이지만 결국은 아이들에게 해가 되는 마약과 마찬가지란 점을.

아이의 강점에 집중하라

나는 아이가 아주 어릴 때부터 아이가 잘하는 것에 대해서 '~쟁이'라는 별명을 붙여 주었다. 서너 살 때에는 인사쟁이, 밥쟁이, 나중에는 피아노쟁이, 축구쟁이, 지금은 생각쟁이, 배려쟁이 등 아들의 '쟁이' 리스트는 계속 늘어 가고 있다. 초등학교 1학년에 들어갈 무렵, 지금까지 붙였던 쟁이 별명을 아이와 같이 정리해 본 적이 있는데 거의 50개나 되었다. 아이의 쟁이 리스트는 앞으로도 계속 더 늘어날 것이다.

내가 '~쟁이'를 붙여 주는 이유는 두 가지다. 첫째는 아이가 자신의 강점에 집중하도록 하기 위해서이고, 둘째는 그것에 이름을 붙여 줌으로 인해서 스스로 강점을 각인하도록 하기 위해서이다.

왜 강점에 집중하는 게 중요할까? 《위대한 나의 발견, 강점 혁명》(청림출판 펴냄)의 저자인 마커스 버킹엄과 도널드 클리프턴은 진정한 혁명의 시작은 진정한 자기 발견이라고 얘기한다. 실제로 성공한 많은 이들은 자신의 강점을 일찍 발견하고 이를 발휘하며 사는 사람들이다. 긍정심리학자인 마틴 셀리그만도 '행복한 삶은 일상에서 자신의 대표 강점을 날마다 발휘하여 행복을 만들어 가는 것'이라고 말한다.

아이가 배냇짓을 하고, 기고 걸을 때까지만 해도 부모들에게는 아이의 강점만 보인다. 그리고 강점을 가지고 아이를 칭찬한다.
"우리 애는 벌써 말을 해요. 언어지능이 높은가 봐요."
"우리 애는 벌써 기어요. 운동신경이 좋아요."
"우리 애는 이것저것 다 만져요. 호기심이 정말 많아요."

그런데 아이가 유치원에 다니기 시작하면서 내 아이를 다른 아이들 사이에 놓고 비교를 하기 시작한다.
'왜 우리 애는 저렇게 적극적이지 못할까?'
'왜 우리 애는 부산할까?'

자꾸 약점이 도드라져 보이기 시작한다. 그러다 보니 약점을 지적하게 되고, 그것을 보완하려고 애쓰게 된다. 그러니 아이도 덩달아 자신의 약점에 집중하게 된다.

부모 자신의 삶을 한번 돌아보라. 어렸을 때부터 본인이 약점이라고 생각했던 점이 노력의 결과 강점으로 변화되었는가? 약점을 보완하는 것이 쉬운 일이었는가? 약점은 아무리 잘 보완해도 보통 정도의 수준이 될 뿐이다. 강점보다 약점에 집중하는 것은 본인이나 아이에게 스트레스를 주고 자존감을 낮출 뿐만 아니라 에너지를 낭비하는 일이다.

아이의 약점을 보완하려고 애쓰기보다는 강점을 발견하고 이를 활용하며 사는 습관을 길러 주도록 애써라. 강점이란 타고난 재능에 필요한 지식과 기술이 더해지고 다듬어져서 발현되는 것이다. 강점의 씨앗이 재능이고, 여기에 물과 비료가 되는 것이 지식과 기술이다.

강점을 발견하기 위해서는 일단 강점의 씨앗이 되는 아이의 타고난 재능에 집중하고, 거기에 어떤 지식과 기술을 더해 줄지 고민하면 된다. 씨앗이 없는 땅에는 아무리 좋은 비료와 물을 주어도 싹이 나지 않는다. 그러니 다른 아이와 비교해서 아이가 못하는 것을 찾아내고 이를 보완하기 위해 여기저기 학원에 보내고 교육비를 지출하는 부질없는 노력을 그만두어라. 그 시간에 아이의 재능을 발견하고 강점으로 만들어 주는 노력을 하는 것이 현명하다.

경제학 용어 중에 '기회비용'이란 말이 있다. 기회비용이란 어떤 활동을 선택함으로써 차선의 활동에서 얻지 못한 편익이다. 지금 아이가 잘못하는 점을 잘하게 하느라 애쓰고 있다면 그것으로 인한 기회비용, 즉 강점에 집중함으로써 얻을 수 있는 이익의 손해를 한번 생각해 봐야 한다.

아 이 의 울 타 리 에 는 내 부 손 잡 이 가 필 요 하 다

심리치료전문가 오제은 교수는 《자기사랑 노트》(산티 펴냄)에서 이런 비유를 한다.

"어떤 사람의 자아는 손잡이가 안쪽에 달려 있고, 어떤 사람의 자아는 손잡이가 바깥으로 달려 있다. 그리고 어떤 사람의 자아의 경우에는 손잡이가 아예 없는 경우도 있다."

오제은 교수는 내부에 손잡이가 있는 사람은 건강한 울타리를 가진 사람이고, 외부에 손잡이가 있는 사람은 허약한 울타리를 가진 사람이며, 손잡이가 없는 사람은 해체된 울타리를 가진 사람이라 비유한다.

일명 헬리콥터 맘이나 타이거 맘이 키우는 아이들은 허약한 울타리를 가진 아이들이다. 부모가 자꾸 외부에서 문을 열어주는 과잉 친절을 베풂으로써 아이 스스로 내부의 손잡이를 만드는 기회를 빼앗는 것이다. 실제 대학에서 자기력이 낮은 학생들을 코칭하다 보면 그 학생의 배후에 아주 강력한 손잡이 역할을 해왔던 부모님들이 있음을 알게 된다.

일전에 '합리적 진로의사결정'에 대한 강의를 하다가 학생들에게 본인이 왜 합리적 의사결정을 내리기 어려워하는지 그 이유에 대해 생각해 보라고 한 적이 있었다. 그때 한 학생이 '부모님의 인정을 받으려는 자신의 욕구' 때문이라고 답했다. 부모님에게 인정받기 위해 어떤 결정을 할 때 자신이 원하는 것보다 부모님이 원하는 것을 먼저 생각하다 보니 자신의 의사결정능력이 낮아졌다는 것이다.

누군가를 만족시키는 삶을 사는데 익숙한 아이들은 스스로 자기 존재의 빛을 발견하지 못하고, 누군가가 자신을 바라봐주고 인정해주어야 자신의 존재가 빛이 난다고 여긴다. 그래서 외부의 손잡이가 움직여

문이 열리지 않으면 수치스럽고, 우울하고, 열등하다고 느끼게 된다. 이런 허약한 울타리를 가진 아이들의 가장 심각한 문제는 자발적으로 자신을 감동시키는 일을 해 본 적이 별로 없다는 것이다. 내부에 손잡이가 달린 건강한 울타리를 가진 아이들은 누군가가 인정해주지 않아도 자신을 인정해주며, 누군가가 결정해주지 않아도 스스로 결정할 수 있으며, 누군가가 즐겁게 해주지 않아도 자신을 즐겁게 하는 방법을 안다. 그런데 손잡이가 외부에 달린 아이들은 스스로 자신을 즐겁게 하고 자신을 감동시킬 줄 모른다.

위의 세 가지 울타리 중에서 우리 아이는 어떤 울타리를 가지고 있는지 고민해보라. 지금 당장 아이를 통제하기 위해서, 아이를 끌고 가기 위해서 자꾸만 아이의 울타리에 엄마라는 손잡이를 부착하게 되면, 아이는 자신을 스스로 감동시키는 자율적인 삶을 살 수 있는 기회를 영영 잃어버리게 된다.

0 4

나라는 연못에 돌을
던지게 하라

남에게 흔들리지 않으려면 자신을 많이 흔들어야 한다

"자신의 연못에 돌을 던지게 하라."

'꽃보다' 시리즈와 '1박2일' 프로그램의 나영석 PD가 학생들을 위한
진로 멘토링 강연에서 한 말이다. 나영석 PD는 인생을 살면서 '나라는
사람은 누구인가?', '내가 진정으로 원하는 것은 무엇인가?'란 질문을
끊임없이 던져야 한다고 말한다. 그리고 이 질문들에 답하기 위해서는
가만히 생각만 하고 있는 것이 아니라 계속 '자기'라는 연못에 돌을 던
지는 활동 혹은 노력을 해야 한다고 말한다.

자신을 자꾸 흔들어 봐야 내가 무엇을 좋아하고 무엇을 불편해하는
지 알 수 있다. 자꾸 흔들어 봐야 뭐가 가라앉고 뭐가 떠오르는지 관찰
할 수 있다. 연못을 잔잔한 상태로 두면 그냥 모든 것이 가라앉는다. 그
러면 그 바닥에 무엇이 깔려 있는지 알 수 없다. 바닥에 있는 것이 무엇

인지 꺼내 보아야 내게 정말 필요한 것인지 아닌지도 판단할 수 있다.

자기라는 연못에 돌을 던지는 것은 결국 자신에게 다양한 자극을 주면서 '나'라는 연못이 깨어 있도록 하는 것이다. 이런저런 경험을 하면서 그 경험에서 자신이 어떻게 느끼는지, 무엇이 어려운지, 언제 행복한지 등을 관찰자가 되어 관찰하는 것이다.

'제가 뭘 원하는지 모르겠어요.'라고 말하는 대학생들에게 "그래서 네가 무엇을 원하는지를 알기 위해 뭘 해 봤니?"라고 물어보면 대부분 그냥 생각만 해 봤다고 말한다. 자기를 아는 것은 생각만으로 되지 않는다. 자기를 알 수 있는 상황에 자신을 내던져 봐야 한다.

바람이 많이 불수록 뿌리가 깊은 나무가 안전하듯 바람이 많이 부는 미래에는 '나'라는 뿌리가 깊은 인재가 여러모로 안전하다. 나라는 뿌리가 깊지 않으면 남에게 흔들리는 삶을 살게 된다. 내가 원하지 않는 곳으로 나도 모르게 가게 되어 버릴지도 모른다.

우리 아이가 다른 사람에 의해, 사회의 변화에 의해 수동적으로 흔들리는 삶을 살지 않게 하기 위해서는 어릴 때부터 나라는 연못에 자꾸 돌을 던져 자신을 흔들어 보는 기회를 만들어 주어야 한다. 그 기회가 흔들리지 않는 삶을 살 수 있도록 자기력을 단단하게 해 줄 것이다.

다양한 경험으로 많이 흔들어 놓아라

'나'라는 연못에 돌을 던지는 방법에는 간접 경험도 있고 직접 경험도 있다. 간접 경험을 할 수 있는 가장 경제적이면서도 효과적인 방법이 책이다. 책은 가장 손쉽게 다양한 사람, 문화, 문제를 접할 수 있는 통로이기 때문이다. 책 읽기의 중요성에 대해서 공감하지 않는 부모들은 없겠지만, 많은 부모들이 책 읽기를 아이의 지식 쌓기에만 이용하고 있는 점이 안타깝다. 독서의 가장 우선적인 목적은 나를 만나는 것이어야 한다. 책에 담긴 정보만을 읽고 기억하는 것은 나를 만나는 일에 비하면 부차적인 일이다. 그럼에도 불구하고 많은 부모들이 책을 통한 아이의 자기발견에는 그다지 신경을 쓰지 않는다.

책을 통한 간접 경험보다 더 좋은 것은 당연히 직접 경험이다. 이런 저런 다양한 경험을 통해 아이는 자기 실험을 해 볼 수 있다. 낯선 장소에 가 보고, 많은 종류의 체험을 해 보고, 여러 분야의 사람을 만나는 경험을 통해 아이들은 이런저런 상황과 감정, 낯선 사람의 입장에 자신을 놓아 봄으로써 자신이 어디에 있는지 잘 파악할 수 있다. 그런데 단순한 체험은 아이들의 자기 이해도를 높여 주지 못한다.

책 읽기와 마찬가지로 다양한 경험 만들어 주기도 단순한 정보 쌓기로 전락하는 경우가 종종 있다. 이번 주에는 아이를 공연에 데리고 가고, 다음 주에는 박람회에 데리고 가고, 또 다음 주에는 전시회에 데리고 가는 식으로 리스트만 늘려 나가는 것이다. 그리고 부모들은 그 리스트가 늘어나는 것에 대해 '와, 나는 우리 아이에게 이렇게 많은 경험을 시켜 주었구나.'하며 자기만족을 느낀다.

많은 책을 읽게 하고 다양한 체험을 할 수 있는 기회를 주는 것은 바람직하나 그냥 스펙 쌓기 식으로 제공하는 경험은 아이의 자기력을 키우는 데 그다지 도움이 되지 않는다. 체험을 통해 자기라는 연못에 돌멩이를 던지며 자극을 주지만 그냥 거기서 끝나는 셈이다. 아이의 자기력을 높이기 위해서는 다양한 체험을 하는 것보다 그 체험을 통해 다양한 자기 질문과 성찰을 하도록 유도하여 진정한 경험으로 만들어 주어야 한다.

질문을 바꾸어 성찰하는 습관을 길러 주어라

"축구를 하면서 너는 너에 대해서 어떤 점을 알게 되었어?"

학교에서 방과 후 활동으로 하고 있는 축구의 재미에 빠져 있는 아들에게 내가 했던 질문이다.

"축구가 재미있니?", "이제 축구를 얼마나 잘해?"와 같은 질문 대신에 내가 던진 질문은 그것을 함으로 인해서 너에 대해서 더 잘 알게 된 점이 무엇인지를 묻는다. 이 질문에 아이는 '자기가 다른 애들보다 뭘 잘하고, 뭘 못하며, 언제 축구를 하면서 짜증이 나고, 친구들이 어떻게 했을 때 화가 나는지' 자세히 얘기해준다. 아이의 답을 들으면서 나도 우리 아이가 다른 아이들과 협력해야 하는 운동을 할 때 어떻게 느끼는지 잘 이해할 수 있었다.

'질문이 답을 바꾼다'는 말이 있다. 사실을 물어보는 질문을 하면 사실을 말하게 되고, 감정을 물어보는 질문을 하면 감정을 말하게 된다.

"우리가 갔던 여행지가 어디어디였지?"
"그 작품의 이름이 뭐였지?"
"그 책의 줄거리가 뭐지?"

이런 식으로 부모가 아이의 경험에 대해서 정보만을 물으면, 아이는 경험을 통해 정보만을 얻으려고 하게 된다. 반면 책을 읽고 나서든, 어떤 경험을 하고 나서든 아이의 느낌과 생각을 물어보고, 자신과 연결해 볼 수 있는 질문을 던지면 경험을 통해 나를 들여다 보는 습관을 기르게 된다.

대학생들 중에서 자기이해가 상당히 높은 학생들에게 어떻게 자기에 대한 이해가 높아졌는지 물어보면 보통 다음 두 가지를 이야기한다. 하나는 '어릴 때부터 자기 자신에 대해서 질문을 많이 던졌다.', 또 다른 하나는 '일기 쓰기나 저널 쓰기를 꾸준히 하면서 자기 생각을 정리했다.'는 것이다. 이들의 공통점은 자기 성찰이 몸에 배어 있다는 것이다.

우리 아이가 경험을 통해 자기력을 기르기를 원한다면 당장 아이에게 던지는 질문을 바꿔야 한다. '무엇을 보았니?'라는 질문이 아닌 '네 안의 무엇을 보았니?'라는 질문을 던져야 한다. 경험이라는 거울을 통해 아이가 자신을 들여다볼 수 있는 성찰의 시간이 경험의 시간보다 더 중요하다.

05

부모의 자기력을
먼저 다져라

부 모 가 먼 저 내 가 누 구 인 지 알 아 야 한 다

3장을 마무리하며 부모들에게 꼭 하고 싶은 얘기는 '자기력이 높은 아이로 키우고 싶다면 부모가 먼저 자신의 자기력을 다져야 한다.'는 점이다. 자기 이해가 높은 부모가 아이를 자기 이해가 높은 아이로 키운다. 나는 얼마나 자기 이해가 높은가? 같이 한번 해 보자.

◆ACTIUITY◆　**자기 이해 테스트**

A4 종이를 한 장 꺼내 놓고 "나는 누구인가?"에 대해서 생각나는 것을 다 적어 보라. 타이머로 5분 정도 시간을 정해 놓고 나에 대해서 생각나는 모든 것을 적어 보라.

자, 몇 개까지 적을 수 있었는가? 실제 대학생들과 이 활동을 해 보면 두 가지 흥미로운 점을 발견하게 된다. 어떤 학생은 같은 질문에 대해서 50개 이상의 내용을 술술 적어 내려간다. 반면 어떤 학생은 10개 정도 적고 나면 뭘 적어야 할지 몰라 쩔쩔맨다. 그만큼 개인 차이가 심하다는 것이다.

두 번째로 흥미로운 점은 뒤로 갈수록 더 정말 '나'다운 내용이 나온다는 것이다. 처음에는 이름, 성별, 혈액형과 같은 내용을 적다가 나중에는 내가 좋아하는 것, 내가 하고 싶은 것, 나를 행복하게 하는 것에 대한 내용을 적어 나간다. 즉 남들도 다 아는 나에 대한 이야기에서 남들이 알지 못하는, 때로는 나 스스로도 눈치채지 못했던 나에 대한 이야기를 쓴다.

이 활동을 하면서 나에 대한 내용을 적는 게 어려웠다면, 특히 자신의 흥미, 강점, 가치관과 같이 잘 드러나지 않는 것들에 대해 적는 게 어려웠다면, 부모 스스로 자기이해가 높아지기 위해 더 노력해야 한다. 나를 아는 데 관심이 있는 부모는 아이도 자신을 아는 데 관심을 가지도록 의식적, 무의식적으로 자극을 주게 된다.

"엄마는 이런 게 좋아."
"엄마는 이럴 때 행복해."
"엄마는 이럴 때 화가 나."
"엄마는 이럴 때 마음이 아파."

평소에 아이에게 이런 말을 자주 하는가? 아이들은 이런 얘기를 들으면서 엄마라는 사람을 이해하게 된다. 그리고 나는 어떤지 생각하고 나에 대해 주의를 기울이게 된다. 그리고 자신을 알리는 표현을 하게 된다.

아이에게만 무슨 생각을 하는지 묻지 말고, 아이에게 내가 어떤 생각을 하는지 들려줘라. 아이의 꿈이 뭔지 묻지만 말고, 엄마 아빠의 어릴 때 꿈이 무엇이었는지, 어떤 꿈을 꾸고 있는지 들려줘라. 어떤 삶을 살고 싶은지 아이와 대화를 나눠라. 그런 대화가 아이에게는 좋은 자극이 될 것이다.

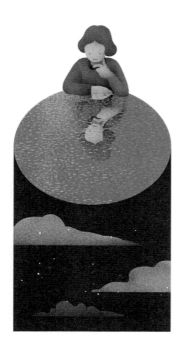

Chapter

인 간 력 :
기 계 에 맞 설 인 간 으 로 서 의 저 력 을 키 워 라

> **"** 인간은 변화에 저항한다.
> 미래 예측에서 트렌드가 큰 물결로 다가오면 10~30%는
> 정반대로, 즉 역 트렌드로 간다. 모두 바다로 가면 산으로 가고,
> 모두 첨단기기를 쓸 때 자연인으로 돌아가는
> 사람들이 반드시 있다. **"**

알파고와의 대전에서 패한 충격 이후, 기계에 맞설 인간의 능력에 대한 관심이 높아졌다.
과연 미래 사회에 기계와 맞설 수 있는 인간만이 가진 저력은 무엇일까? 그리고 그것을 어
떻게 키워 줄 수 있을까? 미래에는 인간적 사고력과 감성력을 갖춘 사람이 결국 빛을 발할
것이다. 아무리 기술이 인간의 능력을 대체하더라도 인간이 가진 사고력과 감성력을 대체
하지는 못할 것이기 때문이다. 더 이상 아이를 지식 소비자가 되도록 키우지 마라. 우리 아
이를 어떻게 하면 더 인간적인 저력을 가진 아이로 키울 수 있을지를 고민하라.

인공지능시대,
인간의 저력이
중요하다

교육에서 변해야 할 것과 변하지 말아야 할 것

"교육이란 두 개의 줄기를 가진 한 그루의 나무와 같다. 한 줄기는 '기
술'의 줄기이고 한 줄기는 '가치'의 줄기이다. 기술의 줄기는 최신의 것
을 받아들이며 바꾸어야 하지만, 가치의 줄기는 굳건히 붙들고 바꾸지
말아야 한다. 정직, 최선, 배려와 같은 가치들을 제대로 배우지 않으면
아무리 최신의 것을 익혔다 하더라도 결국 그것들이 쓸모가 없게 된다."

《내 영혼이 따뜻했던 날들》^(아름드리미디어 펴냄)이라는 소설에 나오는 내용
이다. 도종환 시인은 《도종환의 교육 이야기》^(사계절 펴냄)에서 이 내용을
소개하며 교사와 부모는 새로 받아들여야 할 것과 시간이 흘러도 굳건
히 지켜 나가야 할 것을 구분하고 판단할 줄 아는 눈을 가져야 한다고
말한다.

그런데 실상은 이와 반대인 경우가 많다. 우리 아이들이 살아갈 미래

시대에 그들에게 꼭 필요한 역량들을 키워 줄 수 있도록 기존의 교육 방법을 바꾸는 일에는 보수적이면서, 아이들이 평생을 살아가는 데 소중한 자산이 되는 가치들을 배우는 기회를 박탈하는 일에는 허용적이다.

급격한 변화에 적응해야 하고, 창의적이지 않으면 안 되고, 몇 번이고 직업을 바꾸어야 하는 시대에 살아가야 할 우리 아이들이 그 시대에 필요한 역량을 기를 수 있도록 교육 방법은 계속해서 바뀌어야 한다. 빨리 변화를 받아들이고, 최소한 변화에 뒤처지지는 말아야 한다. 그러나 그렇게 빨리 달리더라도 붙잡고 있어야 할 것을 놓쳐서는 안 된다.

아이들과 숲속을 산책하며 꽃, 풀, 나무 들의 이름을 알려 주는 일이 우선일까? 아니면 아이들이 자연을 보며 아름다움을 느끼고, 그 아름다움에 대해 관심을 갖도록 하는 일이 우선일까?

꽃, 풀, 나무 들의 이름은 이제 검색을 통해 쉽게 찾을 수 있는 정보가 되어 버렸다. 스마트폰만 갖다 대면 알아서 정보를 검색해 주는 시대가 된 것이다. 그런데도 그런 지식들을 가르치는 일이 여전히 가치 있는 일이라 생각하곤 한다.

아이들에게 정말 가르쳐야 할 것은 지식이 아니라 세계관과 가치관이다. 아이가 제대로 된 세계관과 가치관을 가질 수 있도록 계속 가치의 줄기에 물과 비료를 주어야 한다. 아름다움을 음미할 수 있는 세계관, 자연과 더불어 사는 삶에 대한 가치관, 이런 가치의 줄기가 메마르지 않아야 기술의 줄기도 힘을 발휘할 수 있다.

이 줄기가 메마르면 아이들은 평생 지식 소비자에 머물게 되어 자기가 배운 지식과 기술로 '자기만의 리그'를 뛰는 삶을 살게 될 것이다. 흐르고 통하는 가치를 가진 인간만이 지식과 기술을 이용하여 자기만의 미래를 만들 수 있다.

이제 교사와 부모들은 우리 아이들이 만날 미래에 '흐르고 통하는 가치'가 무엇인지에 대해서 깊이 고민하면서 변해야 할 것과 변하지 말아야 할 것을 분명하게 구분하는 노력을 시작해야 한다.

어떤 가치를 심어 주고 싶은가?

다음은 박노해 시인의 '부모로서 해줄 단 세 가지'란 시다.

내가 부모로서 해줄 것은 단 세 가지였다.

첫째는 내 아이가 자연의 대지를 딛고
동무들과 마음껏 뛰놀고 맘껏 잠자고 맘껏 해보며
그 속에서 고유한 자기 개성을 찾아갈 수 있도록
자유로운 공기 속에 놓아두는 일이다
둘째는 '안 되는 건 안 된다'를 새겨주는 일이다
살생을 해서는 안 되고
약자를 괴롭혀서는 안 되고
물자를 낭비해서는 안 되고

거짓에 침묵 동조해서는 안 된다

안 되는 건 안 된다!는 것을

뼛속 깊이 새겨주는 일이다

셋째는 평생 가는 좋은 습관을 물려주는 일이다

자기 앞가림을 자기 스스로 해나가는 습관과

채식 위주로 뭐든 잘 먹고 많이 걷는 몸 생활과

늘 정돈된 몸가짐으로 예의를 지키는 습관과

아름다움을 가려 보고 감동할 줄 아는 능력과

책을 읽고 일기를 쓰고 홀로 고요히 머무는 습관과

우애와 환대로 많이 웃는 습관을 물려주는 일이다

이 시에 나오는 내용들은 부모로서 자식에게 물려주고 싶은 가치이다. 자신의 개성을 찾아가고, 지켜야 할 것을 지키고, 감동할 줄 알며 홀로 고요히 머물 줄 알고, 웃을 수 있는 이 모든 가치들은 모두 인간력과 관련이 있다.

내 아이에게 부모로서 물려주고 싶은 세 가지 가치를 꼽으라면 어떤 것을 꼽겠는가? 그것에 대해서 이렇게 시를 쓴다면 어떤 내용을 담고 싶은가? 공부를 잘하는 힘 외에 우리 아이가 인간으로서 어떤 힘을 갖추면 좋을지 생각해 보라. 그리고 그 힘을 갖추는 것에 대한 욕심 혹은 꿈을 버리지 마라. 좋은 인간력을 키워 주는 것이 부모가 해 줄 수 있는 가장 소중한 선물이 될 것이기 때문이다.

알파고와 이세돌 9단의 대국이 압도적인 알파고의 승리로 끝나면서, 전세계적으로 인공지능에 대한 관심이 높아졌으며, 인공지능이 인간의 여러 가지 능력을 대체할 것에 대한 우려도 함께 깊어졌다. 인공지능 시대에 살아남기 위한 역량을 길러 주기 위한 대책의 하나로 2018년부터는 초·중학교에서 소프트웨어 교육이 의무화된다. 미래의 아이들에게 있어 코딩 능력이 영어처럼 필수적인 능력이 될 것이라는 예측 때문에 최근에는 초등학생들을 대상으로 한 코딩 교육 프로그램이 급속하게 확산되고 있다.

그런데 모든 변화는 극과 극을 경험한다. 박영숙 교수는 《2020 미래교육보고서》(경향미디어 펴냄)에서 이렇게 말한다.

"인간은 변화에 저항한다. 미래 예측에서 트렌드가 큰 물결로 다가오면 10~30%는 정반대로, 즉 역 트렌드로 간다. 모두 바다로 가면 산으로 가고, 모두 첨단기기를 쓸 때 자연인으로 돌아가는 사람들이 반드시 있다."

변화의 추는 한쪽 끝에 닿았다가 다시 다른 한쪽 끝으로 이동한다. 기술이 중요해지는 사회로 이동하면 어느 순간 다시 인간적인 사고, 감성의 중요성이 강조되는 사회로 이동될 것이다.

기계력이 강해지는 미래에는 기계로 대체할 수 없는 능력에 집중하게 될 것이며, 인간다운 저력을 더 잘 발휘할 수 있는 인재가 빛을 발할 것이다. 인간다운 능력을 함축한 두 단어는 '사고력'과 '감성력'이다.

미래에 인간적인 사고력과 감성력의 가치가 더 높아지는 이유는 두 가지 관점에서 생각해 볼 수 있다.

첫째, 기술의 진화로 깊게 사고하는 기회가 점점 더 줄어들고 있다. 아이들은 인터넷에 있는 짧은 글, 자극적인 글을 읽는 것에 익숙해졌고, 자신의 생각을 정리해서 글을 써 보는 것보다는 짧은 댓글을 다는 것이 편하다. 글씨를 쓰는 일이 줄어들다 보니 종이에 무언가를 적는 것이 불편함을 넘어 힘들다는 학생도 많다. 손가락 하나로 필요한 음식과 물건을 주문하고, 직접 소통보다는 SNS를 통한 간접 소통을 선호하고, 혼자 하는 일을 선호하면서 소통 능력이 점점 줄어들고 있다. 통화를 하는 일이 줄어들다 보니 전화를 걸어 말을 하는 것이 어색하고 싫은 '콜 포비아(Call Phobia)'도 생겨났다.

대학에서 학생들을 가르치다 보면 학생들의 좁은 사고의 폭과 짧은 글쓰기 능력에 놀랄 때가 많다. 그래서 생각이 깊고, 자신의 생각을 글로 잘 풀어내는 학생들을 만나면 모래에서 진주를 찾은 듯 반갑다. 사고력과 감성력을 갖춘 사람이 점점 줄어드는 시대에는 이런 능력이 큰 평가를 받게 된다.

우리는 흔히 혁신의 핵심이 기술에 있다고 생각하지만, 그 기술을 생각해 내는 것은 사람이며, 혁신의 주체는 그 사람이 가진 '문제 의식'과 '공감 능력'이다. 그 좋은 예가 디자인적 사고인 '디자인 싱킹(Design Thinking)'이다. 디자인 싱킹은 창의적 아이디어 도출 방법으로도 많이

활용되는데 디자인 싱킹 프로세스의 첫 번째 단계가 바로 '공감하기'
이다.

　제품을 만들든, 서비스를 기획하거나 기술을 개발하든, 그것을 실제
활용할 사람들의 진짜 문제를 알아내기 위해 그 사람의 입장이 되어 공
감해 보는 것이 창의적 변화의 시작점이다. 인간다운 사고력과 감성력
은 앞으로 기술을 만들어 내는 창의적 원천으로서 가치가 더 높아질 것
이다.

02

느낌과 놀이로
감성력을 키워라

잘 아는 아이가 아닌 잘 느끼는 아이로 키워라

도종환 시인이 《도종환의 교육 이야기》^(사계절 펴냄)에서 꼬집어 말했듯 많은 부모들은 산책을 가서도 아이들에게 정보를 가르치기에 바쁘다. 이건 무슨 꽃이고 이건 무슨 나무고……. 정말 희한하게도 많은 부모들은 모든 것을 학습 활동으로 만드는 데 있어 선수다. 아름다운 노을을 보면서도 그것을 함께 감상하기보다는 원리를 설명하려고 하고, 파란 하늘을 보고도 파란 이유를 설명하려고 한다.

"와~, 반짝반짝 빛난다!"
"색깔이 정말 다채롭다."
"꽃잎이 부들부들 보드라워."

부모가 이런 감탄을 하는 것을 보아야 아이들도 부모를 따라 자연을 감탄의 대상으로 여길 텐데 가르치기에 급급한 부모를 보고 자란 아이들은 자연도 학습의 대상으로 여길 뿐이다.

아이들의 감성력을 높여 주는 데는 놀이만큼 좋은 활동이 없다. 그런데 요즘 아이들에게 있어 대부분의 놀이는 '학습'을 전제로 한 경우가 많다. 부모들이 학습이 빠진 활동을 원하지 않기 때문이다. 아이들이 피아노나 미술을 배우는 것도, 아이가 대회에 나가서 상을 받고 성과가 있어야만 지속한다.

아들의 피아노 선생님과 첫 면담을 할 때, 나는 아이가 피아노를 배우는 목적이 '즐거움'과 '감성'이었으면 좋겠다고 말씀드렸다. 진도나 상에는 전혀 관심이 없다고 얘기했더니 피아노 선생님은 놀랍다는 표정을 지으며 이런 말씀을 하셨다.

"그렇게 말씀해 주시니 기쁘네요. 요즘 어머님들은 피아노를 몇 달 배워서 성과가 금세 나지 않으면 그만두세요. 그러다 보니 피아노를 오래 배우는 아이들이 많지 않아요."

내 아이는 '즐거움'을 목적으로 피아노를 배우고 있기에 아직도 몇 년째 즐겁게 피아노를 치고 있다. 좋아하는 두산 야구팀의 응원가를 직접 피아노로 쳐 볼 수 있음에, 가족의 생일에 자신이 직접 생일 축하곡을 들려줄 수 있음에, 엄마가 주말 오전에 설거지를 할 때 힘이 되는 음악을 연주해 줄 수 있음에 기뻐하면서 말이다.

《아이가 답이다》^(라온북 펴냄)의 저자인 아이답미술연구소의 김진방 원장도 예술을 학습으로 만들어 버리는 엄마들 때문에 아이들이 미술에 대한 흥미를 잃고 있다고 말한다. 한 달에 몇 개의 작품을 만들어 달라, 어느어느 대회에 나가게 해 달라는 엄마들의 요구에 따르느라 표현하는 미술이 아닌 보여 주기 식 미술이 되어 버린다. 자꾸 아이의 작품에 손을 대는 어른들 때문에 아이들의 그림이 비슷해지고 망가진다고 김 원장은 걱정한다.

2016년 여름 세계적인 열풍을 몰고 왔던 '포켓몬 고' 게임의 총괄 디자이너인 데니스 황(황정목)은 신문 인터뷰 기사에서 자신이 지금 창의적인 일을 할 수 있었던 원천에 대해서 이렇게 말한다.

> "학교에서 공부는 안 하고 공책에 그림을 한가득 그리고 돌아와도 부모님은 한 번도 혼내질 않으셨습니다. 이 자리에 올 수 있었던 것은 아버지 덕입니다."

데니스 황은 어릴 때부터 자신이 미술과 과학을 좋아했는데 이 두 가지가 만나서 불꽃이 튀는 것에 재미를 느껴 공학과 미술을 같이 공부하게 되었고 게임 개발을 하게 되었다고 한다. 그는 성공의 비결로 재미와 노력을 꼽는다.

감성력은 머리로 길러지는 것이 아니다. 가르치기가 들어간 활동에서는 아이들이 진정한 감성을 배우기 힘들다. 내 아이의 감성력을 키우고 싶다면 즐기는 일에 학습을 더하고자 하는 부모의 욕심을 버리고 아이가 잘 배우기보다 잘 느끼도록 조용히 응원해 주어라.

아날로그 놀이로 돌아가라

식당에 가서 주위를 둘러보면 아이들이 저마다 핸드폰을 하나씩 들고 있다. 공공장소에서 아이들을 달래고 조용히 시키기 위한 수단으로 많은 엄마들이 핸드폰을 사용하는 것이다.

요즘 아이들은 일명 디지털 네이티브(Digital Native) 세대다. 태어날 때부터 디지털에 익숙한 이 친구들은 디지털이 없던 시대를 살았던 부모들과는 다르다. 애들끼리 모여서도 각자 핸드폰으로 게임을 하면서 논다. 같이 논다기보다는 각자 노는 것이다. 무언가 손에 도구가 주어져야 노는 것이 익숙해져서 도구가 없으면 놀 게 없다고 생각한다. 엄마들도 아이들이 장난감이 많아야 잘 놀 수 있다는 생각에 어릴 때부터 계속 새로운 장난감을 사 주기에 바쁘다. 장난감을 많이 사 주어야 우리 아이가 더 창의적이고 똑똑해진다고 믿는다. 놀이방에 보내고, 체험학습에 보내고, 비싼 장난감을 사 줘야 아이들이 제대로 논다고 생각한다.

그러나 아이들은 '도구'가 없으면 더 창의적으로 자유롭게 놀 수 있다. 흙을 만지면서, 자연을 탐색하면서, 주변을 관찰하면서, 스스로 도구를 만들면서 말이다. 아이가 여섯 살 무렵, 주말에 밀린 일을 하기 위해 아들을 연구실에 데리고 간 적이 있었다. 내가 컴퓨터로 작업을 하는 동안 혼자 이것저것을 하다가 지루해진 아들은 연구실에 있던 빈 박스로 무언가를 만들기 시작했다. 한참 조용하게 작업하던 아이는 박스로 멋진 성을 만든 후 만족스러운 표정으로 내게 자랑을 했다. 일이 끝나고 집으로 돌아온 후 아이와 나는 그 성을 배경 삼아 같이 역할 놀이를 했다. 자신이 만든 도구가 멋진 장난감이 되는 경험을 한 것이다. 그렇게 자기 주도적 공작 경험을 한 아이는 한동안 박스만 보면 무언가를 만들겠다고 나섰다.

놀이터가 있어야만 놀 수 있는 것도 아니다. 놀이터가 있어 더 제대로 놀 수 없는 경우도 많다. 놀이터 디자이너 편해문은 《아이들은 놀이가 밥이다》(소나무 펴냄)에서 우리나라의 규격화된 놀이터를 '영혼 없는 놀이터'라고 말한다. 2014년 한국을 방문했던 세계적인 놀이터 디자이너 귄터 벨치히 역시 '지나치게 안전하고, 지나치게 통제된 놀이터는 나쁜 놀이터'라고 단언한 바 있다.

놀이터는 다양성이 필요한데 우리나라 놀이터는 상당수가 안전 진단을 통과할 수 있는 데만 초점을 맞춰 만들었기 때문에 어딜 가나 비슷비슷하다. 그러다 보니 놀이터에서 노는 방식도 규격화되어 있다. 놀이터 디자이너 편해문은 이것이 '편식주의'와 '안전주의' 때문이라고 말한다.

"놀이는 도전을 의미한다. 다시 말해 안전에 안주하는 것이 놀이가 아니라 이전에는 하지 않던 일, 할 수 없었던 일에 날마다 조금씩 도전해 나가는 과정, 그 자체가 놀이다. 이것은 놀이터로 논의를 확장해도 마찬가지이다. 놀이터는 아이들이 도전하고 모험할 수 있는 것으로 채워져야 한다. 만약 어떤 놀이터가 이런 도전을 막고 있다면 그 놀이터는 본연의 기능을 상실하고 생명력을 잃은 죽은 놀이터이다."

아이들은 놀이터에서 '건강한 위험'들을 만나고 극복하는 과정을 통해 용기를 배우고, 실험 정신과 도전 정신을 키울 수 있다. 놀이터 디자이너 편해문의 놀이터 철학은 놀이터가 단지 'play'를 하는 공간이라기보다는 도시 한복판에서 살아가는 아이들에게 그들의 삶을 든든히 일굴 수 있는 'ground' 구실을 해야 한다는 것이다. 그러기 위해서는 안전해서 재미없는 놀이터가 아니라 아이들이 도전을 통해 위험을 익숙하게 다룰 수 있는 곳으로 놀이터가 자리매김해야 한다고 주장한다. 이런 철학을 반영해서 그가 디자인한 놀이터가 순천의 '기적의 놀이터'이다. 놀이기구가 최소화되어 있고, 다양하고, 스스로 변화시킬 수 있고, 용기와 흥미를 불러일으키는 놀이터이다.

기적의 놀이터가 놀이터의 개념을 바꾸어 혁신을 이룬 것처럼, 부모들도 놀이에 대한 개념을 바꾸어 보자. 놀이는 반드시 놀이터에서만 이루어지는 것이 아니다. 놀이는 반드시 도구가 있어야 하는 것이 아니다. 놀이터 디자이너 편해문의 다음 말을 새겨듣자.

"아이들에게 물건을 함부로 사 주지 마세요. 소비의 맛을 알면 놀이는 끝입니다. 장난감 코너에서 울며 떼쓰는 것은 '아빠, 제발 나랑 놀아 줘'라고 얘기하는 겁니다. 놀이터에 가도 아이들이 없다고요? 내 아이가 옆집 아이를 기다리는 첫 아이가 되도록 해 주세요. 아이들의 삶이 달라질 겁니다."

아이에게 어떤 장난감을 사 줄지, 어느 놀이터로 데리고 갈지 고민하지 말고, 어떻게 놀이의 재미를 느끼게 만들지를 고민해야 한다. 도구의 사용자가 아닌 도구의 생산자가 되는 놀이를 할 수 있도록 도와주어라.

감 성 력 을 키 우 는 작 은 예 술 의 생 활 화

와튼 스쿨의 조직심리학 교수인 애덤 그랜트는 그의 저서 《오리지널스》(한국경제신문사 펴냄)에 다음과 같은 흥미로운 조사 결과를 실었다.

"노벨상 수상 과학자들은 노벨상을 수상하지 않은 과학자들보다 예술 활동에 관여하는 확률이 훨씬 높았다."
"창업을 하거나 특허출원을 한 사람들은 스케치, 유화, 건축, 조각, 문학 등과 관련된 취미생활을 하는 확률이 동료 집단보다 높았다."

2010 유네스코(UNESCO)세계문화예술교육대회에 기조 발제자로 참석한 《생각의 탄생》(에코의 서재 펴냄)의 공동저자 로버트-미셸 루트번스타인 부부는 "상상력과 창의성을 기르는 교육을 해야 하며 이를 위한 핵심 열쇠가 바로 예술이다."라고 얘기하며 예술의 중요성을 강조했다. 이 부부는 510명의 노벨상 수상자와 보통의 과학자들을 비교하는 연구를 했는데, 그 결과 노벨상 수상자들은 문화예술 활동에 취미 이상의 수준으로 몰두하고 있음을 알아냈다.

문화와 예술은 아이들의 감수성과 창의성을 길러 주는 데 효과적이

다. 그런데 우리나라에서는 어찌 된 일인지 예술 교육은 입시에 치여 늘 뒷전으로 밀린다. 그러나 선진국, 특히 문화예술 교육 강국인 영국이나 덴마크에서는 문화예술 교육을 계속 강화하고 있다. 아이들은 풀을 사용하지 않고 골판지로 동물을 자유롭게 만들어 보는 활동을 하기도 하고, 온몸으로 느끼고 움직이는 활동을 하기도 한다.

스스로 생각하고, 느끼고, 몸을 움직이게 하는 것이 핵심인 발도르프 교육에서 미술 교육의 기본은 '습식 수채화'다. 습식 수채화는 종이에 물을 적신 다음 그 종이가 마르기 전에 물감을 칠하는 것이다. 물에 젖은 종이에 물감을 칠하면 색이 자연스레 섞이면서 다른 색깔과 명암이 만들어지는데 이러한 색의 움직임을 통해 아이들이 감성을 느끼고 표현할 수 있도록 한다. 습식 수채화 수업에 대해 발도르프 교육 전문가인 레나테 쉴러 씨는 다음과 같이 말한다.

"아이들은 색이 자연스럽게 섞이는 과정을 보면서 색이 가진 본질의 아름다움을 느낍니다. 그 과정에서 아이만의 깊은 감성으로 색을 만나지요. 이 시기 아이는 색 안에서 모든 세계를 만나고 상상하며 그 아름다움을 온몸으로 경험합니다. 이렇게 색의 움직임을 먼저 경험한 다음 서서히 형태 그림으로 나아가야 합니다."

발도르프 교육에서는 아이들이 이렇게 색을 감성적으로 충분하게 만나게 한 후 고학년이 돼서야 사물을 묘사하는 그림을 그리게 한다. 어릴 때부터 사물을 있는 그대로 정확하게 그리게 하여 그림의 경계를 만들고 평가하는 우리의 미술 교육과 대조적이다.

아이의 감성력을 높이기 위해 어릴 때부터 음악회, 미술관, 박물관에 데리고 다니는 것도 좋지만, 이는 자칫하면 학습을 위한 체험 활동으로 끝날 수 있다. 그래서 나는 집 안에서 작은 예술을 생활화하기를 권한다. 작은 예술의 생활화는 TV를 끄고 가족들이 함께 느끼고, 생각하고, 움직이는 활동을 하는 것이다. 내가 집에서 아이와 실천하는 작은 예술 활동은 다음과 같다.

·ACTIUITY· 나만의 음악 방송국

아이와 함께하는 주말에는 내내 음악을 틀어 놓는다. 그리고 음악의 장르와는 상관없이 자신이 좋아하는 곡을 선별해서 그 곡들을 소개하는 '나만의 방송국' 시간을 갖는다. 내 시간이 되면 나는 내가 좋아하는 노래들을 선별하고 그 노래를 좋아하는 이유나 노래에 얽힌 사연을 다른 가족들에게 소개한다. 아이도 마찬가지로 자신의 방송국 시간을 갖는다. 그 덕분에 우리 가족은 서로 좋아하는 음악 장르 및 좋아하는 가수에 대해 잘 안다. 그리고 그것에 대해 서로 얘기하는 시간을 가지면서 감성을 나눈다.

·ACTIUITY· 작사하기

노래를 듣는 것도 좋은 활동이지만 그보다 더 좋은 활동은 직접 만들

어 보게 하는 것이다. 작곡도 좋지만 어렵게 느껴진다면 아이와 작사를
해 보자. 어떤 상황을 제시하고 이에 어울리는 가사를 함께 써 보는 것
이다. 각자 그 상황에 어울리는 노래 가사를 쓴 후에 같이 가사를 맞춰
보고 통합해서 곡을 완성한다. 완성된 가사로 좋아하는 노래를 바꾸어
불러 보기도 한다.

⟨ＡＣＴＩＶＩＴＹ⟩ 핵심 기억 그리기

　여행을 다녀오면 큰 도화지를 꺼내 놓고 같이 여행의 핵심 기억 그리
기를 해 본다. 어떤 경험, 어떤 장면, 혹은 어떤 활동이 가장 인상 깊었
는지 이야기하면서 각자 자신의 핵심 기억을 그림으로 표현해 본다. 함
께 노을을 보았다면 지는 노을의 색깔이 얼마나 아름다웠는지 이야기
하고, 각자 그 노을의 색깔을 다양하게 표현해 본다.

03

공감 능력은
필수다

공 감 교 육 은 행 복 교 육 이 다

UN이 발표한 〈2016 세계 행복 보고서〉에 따르면 2015년 기준, 세상에서 가장 행복한 나라는 덴마크다. 우리나라는 몇 위일까? 국제 학업 성취도(PISA · Program for International Student Assessment)에서는 늘 상위권을 차지하는 우리나라는 행복지수 조사대상 157개국 중에서 58위로 작년보다 11단계나 낮아졌으며, 점점 순위가 하락하고 있다.

덴마크 사람들이 행복한 이유는 무엇일까? 미국의 저널리스트 록산느 세프레비는 이렇게 설명한다.

"공감능력이 덴마크를 세상에서 가장 행복한 나라로 만들었다. 높은 수준의 공감능력은 사회적 관계를 향상시키고 이는 행복지수 상승효과로 이어졌다."

덴마크의 아이들은 학교 정규 수업의 하나로 공감 수업을 받는다. 여러 가지 다양한 감정이 그려진 감정카드(Emotion Cards)를 보고 감정을 맞혀 보는 게임을 하기도 하고, 2인 1조로 서로 고민을 얘기하고 고민을 해결해 주는 활동을 하기도 한다.

코스타리카, 자메이카, 베트남 등 행복지수가 상위권인 나라들은 1인당 GDP, 건강기대수명 등 객관적 행복요소에 있어서 우리나라보다 수치가 한참 낮다. 우리나라는 이들 나라에 비해 경제력도 좋고 교육력도 높다. 그러나 사회적 지지, 삶의 선택, 관대성 등 주관적 요소에서는 세계 평균에 훨씬 못 미쳤다. 우리나라 아이들은 어릴 때부터 공부에 놀이를 빼앗겨야 하고, 10대에는 입시 전쟁, 20~30대에는 취업 전쟁, 취업 후에는 생존 전쟁에서 살아남아야 한다.

경향신문 특별 취재팀은 '지구촌 행복 기행'을 테마로 행복한 국가들을 직접 방문하여 행복의 조건을 탐구한 결과를 《아이슬란드에서는 행복을 묻지 않는다》(경향신문사출판국 펴냄)라는 책에 정리했다. 취재팀은 행복하기 위해서는 함께 나눌 수 있어야 한다고 결론내렸다.

"동시에 행복은 사회적인 것이어야 했다……. 나만 배부른 것이 아니라 공동체의 누구도 굶는 일이 없어야 하고, 나의 여가를 위해 희생당하는 누군가가 있어서는 안 된다. 행복에 대한 고민은 어느새 공동체에 대한 고민이 돼 있었다."

나 혼자만, 내 가족만, 내 아이들만 생각해서는 행복이 찾아오지 않는다. 요즘 학교에서 가장 큰 골칫거리인 왕따 문제, 학교 폭력 문제도 모두 개인의 행복만을 생각하는 이기주의에서 나온 것이다. 공동체 안에서 내가 아닌 다른 사람의 행복에 대해서도 공감하며, 경쟁보다는 어떻게 하면 서로 더 잘 공존할 수 있을까를 함께 고민할 때, 우리 아이의 행복지수도 높아질 수 있다.

공감을 통해 혁신하라

공감이 행복한 삶의 중요한 요인임에도 불구하고 우리 사회에서는 공감이 점점 더 결핍되고 있다. 혼자 사는 사람과 핵가족이 늘어나고, 공동체 활동에 참여하는 기회가 줄어들면서 공감력을 키울 기회와 시간이 줄어드는 것이다. 2008년 미국 대통령 선거를 앞둔 버락 오바마는 공감을 선거 운동의 주제로 삼으며 우리가 공감을 장려하지 않는 문화에서 살고 있다고 지적했다.

그러나 《공감하는 능력》(더 퀘스트 펴냄)의 저자인 로먼 크르즈나릭의 주장대로 인간은 기본적으로 자신의 마음을 타인들의 마음과 용해시키는 능력을 타고나는 '호모 엠파티쿠스(Homo Empathicus)'이다. 신경과학자들은 이미 오래전에 우리 뇌에서 10개의 구역으로 이루어진 '공감 회로'를 밝혀냈다. 문제는 공감 능력이 있느냐 없느냐가 아니라, '어떻게 타고난 공감 능력에 시동을 걸고 극대화할 것인가'이다.

공감 능력은 개인의 행복 차원에서도 중요하지만 혁신과 그것을 통한 세상의 변화라는 측면에도 중요하다. 《공감하는 능력》에는 20세의 젊은 디자이너가 전문 분장사의 도움을 받아 여든 살의 노파로 변신을 하고 3년 동안 북미의 도시 100군데를 돌아다니며 노인들이 사용하기에 적합한 혁신적인 제품을 만들었던 이야기가 소개된다. 오늘날 공감 행동주의의 선구자라 불리는 이 이야기의 주인공인 디자이너 페트리샤 무어는 공감에 대해 이렇게 말한다.

"공감은 자신의 관심사가 모든 사람의 관심사가 아니며, 자신의 필요 사항이 다른 모든 사람의 필요사항이 아니라는, 그리고 매 순간마다 어느 정도는 타협을 해야 한다는 사실을 끊임없이 깨닫는 것입니다……. 난 공감이 최대한 충만하게 살기 위한 방식, 끊임없이 발전하는 방식이라고 봅니다. 그것은 당신이 스스로 가두어 놓은 울타리를 열어젖히고 나가 새로운 체험을 하게 만들기 때문이죠."

페트리샤 무어의 말대로 공감은 창조적으로 사고할 수 있는 힘을 주고, 혁신의 토대가 되어 준다.

대구교육연구정보원이 알파고와 이세돌 9단의 대국 이후 대구시 교육관계자 2,229명을 대상으로 인식 조사를 한 결과, 미래사회 학생들이 갖춰야 할 주요 능력 1위로 공감능력(61.9%)이 자리 잡았다. 2위는 도덕성(45.9%), 3위는 의사소통능력(32.1%), 4위는 문제해결능력(31.8%)이었다.

기술의 발달로 많은 것이 정보화되는 시기에 진짜 필요한 능력은 인공지능으로도 대체할 수 없는 공감 능력이다. 공감을 하면 공감을 하지 않을 때 보이지 않았던 문제점과 시각이 보인다. 익숙한 시각과 울타리를 열어젖히고 나가는 힘이 되어 주는 공감력은 인공지능 시대에 더욱 필요한 창의성, 감성, 협력의 기본 소양이다.

공감력을 키우는 감정 읽기

공감 능력의 개발은 어릴 적 부모와의 관계에 의해 크게 좌우된다. 어릴 적 부모와 안정적인 애착관계가 형성되지 못하면, 공감 능력이 크게 결핍된다. 애착은 인간 사이에서 지속되는 심리적 연결성인데, 부모가 위로와 안정을 기대하는 아이의 욕구에 민감하게 반응하면 안정애착이 형성되지만, 부모의 관심이 간헐적이거나 아예 없거나 가학적이라면 불안정애착이 형성된다.

애착 전문가이자 《보이지 않는 심리》^(티핑포인트 펴냄)의 저자인 셜리 임펠리제리에 따르면 아이는 불안정애착을 '나한테 무슨 문제가 있는 게 분명해'라고 해석한다. 그래서 자라서도 각인된 믿음, 즉 자신이 부족하고, 사랑받을 만하지 못하며, 소중하지 않다는 것을 다른 사람의 관계에서 확인하려는 행동 특성을 보인다.

'나는 소중한 사람이야'라고 말할 수 있는 느낌은 '다른 사람은 소중해'라고 말할 수 있는 느낌의 초석이다. 《대한민국 부모》^(문학동네 펴냄), 《번

아웃 키즈》^(문학동네 펴냄)를 쓴 정신분석가 이승욱은 아이를 잘 키우기 위한 두 가지 조건으로 '민감도(sensitivity)'와 '반응도(responsivity)'를 꼽는다. 부모가 아이에게 얼마나 민감하고 적절하게 반응하느냐, 그리고 공부를 잘하고 있는지의 '관찰'이 아닌 아이가 진정으로 원하는 것을 읽어 내기 위한 '응시'가 아이의 성장을 위해 중요하다고 말한다.

자기를 응시해 주는 부모 밑에서 큰 아이들은 다른 사람을 응시하는 공감 능력을 키울 수 있게 된다. 아이의 공감력을 높여 주고 싶다면 부모 자신의 공감력을 높이는 것은 당연한 선결 과제다. 아이와 함께 다음에 제시된 훈련을 함으로써 부모와 아이의 공감 능력을 키워 보자.

| ◆ACTIVITY◆ | **역지사지 연습** |

공감 훈련의 기본이 바로 '역지사지'다. 즉 타인의 처지에 서서 그들의 관점과 감정을 느껴 보고 행동을 의식적으로 읽어 보는 것이다.

사우스런던의 르위셤에 있는 한 초등학교에서 벌어지는 '공감의 뿌리' 수업 시간에는 교실 한복판에 아이가 앉아 있고, 학생들이 그 아이를 지켜보면서 표정이 바뀔 때 그 아이의 감정을 읽는 활동을 한다. 그리고 이와 관련한 역할극을 해 본다.

평소에 TV를 보든, 책을 읽든, 영화를 보든 혹은 사람을 만나든 아이에게 "저 사람의 입장이라면 어떨까?", "강아지는 어떻게 느낄까?", "그 친구는 왜 그렇게 행동할까?" 등의 질문을 던지고, 다른 사람의 입장에서 바라보는 연습을 하는 것은 아이의 공감력을 키우는 데 도움이 된다.

새로운 경험에 뛰어드는 연습

익숙한 사람, 공간, 경험에서는 '공감 회로'를 작동시킬 필요가 없다. 공감 회로를 켜는 것이 정말 필요한 상황은 익숙하지 않은 상황이다. 그렇기 때문에 아이의 공감력을 키워 주고 싶다면 새로운 경험에 뛰어들어 그 모험에서 타인의 삶을 이해하는 연습이 필요하다. 제2언어를 배우기에 가장 좋은 방법은 그냥 읽고 쓰고 말하는 방법을 배우는 것이 아니라 그 언어를 쓰는 문화와 사람을 만나 어울리는 것이다. 아이에게 좋은 공감 학습이 될 수 있는 '낯섦'은 무엇일까를 고민하라. 국제화, 다문화 시대를 살아가고 있는 지금 다른 문화와 만날 수 있는 문화 체험, 교류, 봉사 활동에 아이와 함께 참여하는 것도 좋다.

◆ A C T I U I T Y ◆ **자신의 초감정 읽기 연습**

남을 공감하기 이전에 자신의 감정을 공감할 수 있어야 한다. 자신의 무의식적인 감정을 잘 읽어 내고 표현할 수 있는 아이가 다른 사람의 감정에 대해서도 잘 공감할 수 있다. 감정 코칭 전문가인 최성애 박사는 자기 안에 있는 무의식적인 감정을 '초감정'이라고 지칭한다. 아이가 자신의 초감정을 잘 읽어 낼 수 있도록 하기 위해 감정을 숨기지 말고 드러내는 연습, 그리고 그 감정에 이름을 붙이는 연습을 한다.

나와 아들이 좋아하는 책 중에 《감정은 다 다르고 특별해》(미세기 펴냄)라는 책이 있다. 이 책 뒤에는 감정 맞추기 판이 있는데, 이것을 가지고 초감정을 읽는 게임을 한다. 자기 전에 하루에 있었던 일 중에서 가장 의

미 있는, 혹은 기억에 남는 경험을 설명하면서 감정 맞추기 판에 있는 감정을 맞춰 본다. 반대로 서로 상대의 이야기를 들으면서 그 경험에 들어 있는 감정을 맞춰 보기도 한다.

《42가지 마음의 색깔》(레드스톤 펴냄)이라는 책은 아이들의 관점에서 겪는 다양한 마음의 색깔을 이야기로 풀어낸다. 이런 책을 읽으면서 다양한 감정에 대해서, 그리고 그 감정이 색깔로 드러나는 상황에 대해서 함께 이야기를 나누어 보는 활동도 초감정 읽기에 효과적이다.

아이와 감정에 대해서 이야기를 나눌 때는 감정은 다 다르고 특별하다는 것을 알려 주어야 한다. 부정적 감정을 느꼈다고 해서 그것을 부끄럽게 여길 필요도 없으며 쫓아내려 할 필요도 없다. 부정적 감정과 긍정적 감정 모두가 다 소중한 감정이며 그런 다양한 감정들이 있음으로 해서 우리의 마음의 색깔이 다양해지고 풍부해짐을 알려 줘라. 자신의 감정을 소중하게 생각할 수 있어야 다른 사람의 감정도 소중히 다룰 수 있다.

04
질문으로
사고력을 키워라

답하는 능력보다 더 중요한 질문력

1 질문을 하면 답이 나온다.

2 질문은 생각을 자극한다.

3 질문을 하면 정보를 얻는다.

4 질문을 하면 통제가 된다.

5 질문은 마음을 연다.

6 질문은 귀를 기울이게 한다.

7 질문에 답하면 스스로 설득이 된다.

《질문의 7가지 힘》^{더난출판사 펴냄}이란 책에서 소개하는 질문의 7가지 힘
이다. 미래사회에서는 이런 힘을 가진 질문력이 더 중요해진다. 언제 어
디서나 얻을 수 있는 지식 때문에 답을 찾는 능력의 중요성은 줄어들었
다. 이제는 창의적인 아이디어를 만들어 내고, 생각을 자극하고, 필요

한 정보가 무엇인지를 파악할 수 있는 질문을 만들어 내는 능력이 훨씬 더 중요해졌다.

가르치는 사람들은 질문을 들으면 학생이 얼마나 수업을 잘 이해하고 있는지 알 수 있다고 말한다. 질문의 수준이 사고력의 수준을 반영하기 때문이다. 그런데 우리 교육은 질문에 취약하다. 이 취약성을 잘 보여준 예가 '2010년 G20 서울 정상회의' 폐막식이었다. 미국의 오바마 대통령이 한국 기자들에게 질문권을 주었지만 단 한 명도 질문을 하지 못했다. 이 해프닝 이후 EBS 다큐 프라임 〈왜 우리는 대학에 가는가〉에서는 우리나라 학생들이 왜 수업 시간에 질문을 하지 않는지에 대해서 살펴보았다. 우리나라 학생들이 질문을 하지 않는 이유는 '질문을 하는 게 부끄럽고 미안해서', 그리고 '질문을 하는 게 익숙하지 않아서'였다. 질문을 해서 자신의 무지에 대해 조롱을 당할까 봐, 수업에 방해가 될까 봐 아이들이 입을 다물고 있는 것이다. 입시 위주의 교육에서, 강의식 수업 방식에서 늘 정답을 만들어 내는 것에만 익숙해진 학생들에게 질문을 하는 것이 어려운 것은 어찌 보면 당연하다.

질문과 토론에 강한 유대인들에게는 '하브루타'라는 공부법이 있다. 하브루타는 짝을 지어 질문하고, 대화하고, 토론하는 것을 말하는데 유대인 가정에서는 식탁에서 아버지와 대화를 나누고 토론하는 것이 일상화되어 있다. 유대인들은 '왜'라는 질문이 끊이지 않게 하는 것이 가장 좋은 교육이라 믿는다. 질문은 지적 호기심을 키워 주고, 새로운 것을 발견하게 하는 에너지가 되어 준다. 이런 질문력이 없는 아이는 늘 다른 사람이 만든 질문에 답하기만 하는 수동적인 삶을 살게 된다.

　질문력을 갖춘 아이로 키우고 싶다면 호기심을 통해 많은 물음표와 느낌표를 만나게 해 주어야 한다. '나는 별다른 재능이 없고 호기심이 왕성할 따름이다.'라는 아인슈타인의 말처럼 호기심은 삶에 있어서 중요한 원동력이 된다.

　나와 친한 교수님이 이런 얘기를 한 적 있다. 자기가 대학교수로 임용이 돼서 미국에 계신 지도 교수님께 그 소식을 전했더니 그 교수님이 다음과 같은 말씀을 해 주셨다고 한다.

　　"한 가지만 부탁하겠네. 가르치면서 자네가 만나는 훌륭한 아이들이
　　이미 가진 것을 꺾는 실수만 범하지 말게. 잘 가르치는 교수는 학생들이
　　이미 가진 것을 망치지 않는 교수라네."

　부모도 마찬가지가 아닐까? 아이들은 호기심을 가지고 태어나고, 질문을 가지고 태어나는데 부모들은 어느 순간 그것들을 다양한 방법으로 꺾어 놓는다. 쓸데없는 질문이라면서, 시끄럽다면서, 시간이 없다면서 말이다. 좋은 부모는 좋은 선생님처럼 아이가 원래 가진 호기심을 유지할 수 있도록 해 주는 부모이다.

　부모가 아이의 호기심을 유지하도록 하기 위해 가장 먼저 해야 할 일은 아이가 언제 호기심을 갖는지를 유심하게 관찰하는 것이다. 아이들은 호기심을 가진 일에 몰입하고, 그때 지식을 습득하면 집중력도 높

고 학습 효과도 극대화된다. 언제 아이가 몰입을 하는지를 알아내는 것은 언제 아이가 '물음표를 통한 느낌표 만나기'의 적기인지를 찾아내는 것이다. 아이의 몰입도와 호기심이 극대화된 순간을 잘 포착하는 것이 중요하다.

내 아이의 경우, 다섯 살 때 잠실 야구장에 한 번 데리고 갔었는데 이후 야구에 엄청 몰입했다. 혼자서 아이패드를 가지고 야구 룰도 찾아보고, 야구 선수들에 대한 기록도 찾아보고, 야구 선수들의 응원가도 따라 부르고……. 시키지도 않았는데 스스로 학습을 하고 있었다. 이렇게 아이가 무언가에 몰입했을 때 부모가 해 주어야 하는 것은 몰입할 수 있는 구멍을 계속 더 넓게 파 주는 것이다. 관심 있는 경험을 더 많이 하게 해주고, 필요한 정보를 찾아 주고, 몰입 활동을 같이 해 보는 것이다. 그러면 아이는 스스로 이런 질문들을 만들어 내게 된다.

"엄마, 타자들 기록에서 .318이 무슨 뜻이에요?"
"아빠, 왜 지금 감독이 선수를 바꾸는 거예요?"
"어떤 포지션 수비가 가장 어려워요?"

누군가가 제시한 질문이 아닌 스스로 만들어 낸 질문에 대한 답을 얻었을 때 아이들은 지식에 대해 더 큰 관심을 가지고 성취감을 느끼게 된다. 《어린 왕자》의 작가 생텍쥐페리는 이런 말을 했다.

"배 한 척을 만들려거든 사람들을 불러 모아 나무를 해 오게 하거나 이런저런 잡일을 시키려 하지 말고 끝없이 망망한 바다에 대한 동경을 심어 줘야 한다."

질문을 잘하는 아이로 키우고 싶다면 먼저 '배움'에 대한 동경을 심어 주어야 한다. 그 동경은 부모가 억지로 심어 줄 수 없다. 아이의 내부에서 스스로 흘러나와야 한다.

- 아이가 무엇에 대해 평소에 질문을 많이 하는가?
- 어떤 일을 할 때 혼자 집중을 잘하는가?
- 무엇에 특별한 관심을 보이는가?
- 어떤 일을 해 보고 싶어 하는가?

위의 주제와 관련하여 부모가 할 수 있는 질문들을 던지고 계속 관찰하면서 아이가 몰입하는 포인트가 어디인지를 찾아내고 거기에 푹 빠질 수 있도록 살짝 밀어 넣어 주자. 그럼 아이는 그 안에서 스스로 질문을 만들고 그 질문을 통해 느낌표를 만들어 간다. 이런 경험을 해 본 아이들이 다른 상황에서도 물음표를 통한 느낌표를 만들게 된다.

질문 메이커가 되게 하라

대학원에서 '학습코칭의 이론과 실제' 과목을 가르칠 때의 일이다.

대학원생들에게 개별 코칭 실습을 시켰는데 한 대학원생이 스포츠에만 관심이 있고 학습에는 전혀 관심이 없는 중학생을 코칭했었다. 그때 그 대학원생은 일단 중학생이 관심 있는 것에서부터 코칭을 시작하기 위해 스포츠와 관련된 책을 함께 읽었다. 그런데 그렇게 시작한 코칭을 어떻게 학습과 연결시킬지에 대해서 고민이 된다고 내게 물어 왔다. 그때 내가 제안한 방법은 스포츠 관련 책을 읽고 그 학생에게 코치에게 낼 문제를 내 보도록 하는 것이었다.

실제로 그렇게 해 보았더니 그 중학생이 너무 신나 하면서 문제를 만들었다고 한다. 자기가 좋아하는 스포츠와 관련된 문제를 내는 것도 신났지만, 자신이 낸 문제를 코치 선생님이 맞혀 보도록 하는 것도 즐거워했다는 것이다. 이런 활동을 한 후에 그 대학원생은 "네가 나한테 질문을 만드는 것과, 너희 선생님이 너희에게 시험 문제를 내는 것은 같은 원리야."라고 이야기를 건넸고, 이 얘기를 듣고 뭔가 새로운 깨달음을 얻은 것처럼 끄덕거렸던 이 녀석이 드디어 교과서 지문 읽기에 관심을 갖기 시작했다고 한다. 질문 만들기에 대한 흥미가 교과서 읽기의 동기가 된 것이다.

질문을 만드는 활동은 창의적이면서도 생산적인 활동이다. 질문을 만들 수 있어야 진짜 지식의 주인이 될 수 있다. 질문을 만들어 낼 수 있다는 것은 문제를 발견할 수 있다는 것이며 기회를 찾아낼 수 있다는 것이다. 나는 대학 수업에서도 학생들에게 시험 문제를 스스로 만들어 보도록 한다. 그리고 좋은 질문에 대해서는 점수를 주고, 실제 학생들이 만든 문제를 시험 문제로 출제한다.

⬩ACTIUITY⬩ **골든벨 퀴즈**

질문력을 키우기 위해 즐겁게 할 수 있는 활동이 골든벨 퀴즈다. 아이가 한창 야구에 빠져 있을 때 야구와 관련된 책과 기사들을 같이 읽으면서 서로 문제를 만들어 맞혀 보는 활동을 했다. 그리고 같이 '야구 골든벨 퀴즈' 문제를 만들어 온 가족이 함께 맞혀 보는 시간을 가졌다. 이렇게 질문 만들기 활동을 하면서 간간이 어떤 질문이 좋은 질문인지에 대해서 설명해 준다.

⬩ACTIUITY⬩ **질문으로 시작하는 책 읽기**

책 읽기에도 질문으로 시작하는 활동은 도움이 된다. 책 제목과 앞뒤 표지를 보고 "왜 이런 제목을 지었을까?"라는 질문을 먼저 던져 놓고 책 읽기를 시작하면 책 읽기가 흥미로운 탐색 과정이 된다. 질문을 습관화하는 연습은 미래에 필요한 지식 메이커가 되는 DNA를 심어 주는 좋은 활동이다.

전략 컨설턴트인 앤드루 소벨과 제럴드 파나스는 《질문이 답을 바꾼다》(어크로스 펴냄)라는 책에서 "당신은 답을 바꾸는 질문을 가진 사람인가?"란 질문을 던진다. 나는 이 질문을 부모들에게 던지고 싶다. "당신은 아이의 답을 바꾸는 질문을 가진 부모인가?"

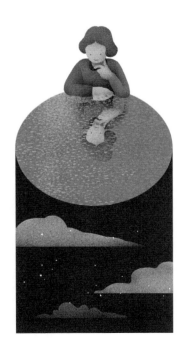

Chapter

창 의 융 합 력 :
새 로 운 가 치 를 만 드 는 사 고 와 습 관 을 길 러 라

‟둘 중 하나를 선택하면 나머지 하나는
포기해야 하는 양자택일적 사고를 버리고
두 대안의 장점을 통합하여 새로운 대안을 창조해야만
새로운 차이를 만들 수 있다.”

요즘 교육과 관련된 논의에서 빠지지 않는 화두가 바로 '창의융합'이다. 교육부에서는 최근 창의융합적 인재를 기르기 위해 교육과정을 개정하였고, 대학들도 창의융합 인재 양성을 위해 교육 방법을 수정하고 있으며, 기업들은 이러한 인재를 잘 채용할 수 있는 방안을 모색하고 있다. 이러한 변화에는 미래 시대의 요구가 담겨 있다. 완벽주의자는 미래 사회에 환영받지 못한다. 유연한 사고를 갖춘 미래력이 있는 아이가 되려면 반드시 어렸을 때부터 창의융합적 사고를 하는 습관을 길러야 한다.

21세기의 키워드 – 창의와 융합

"인문학적 상상력과 과학 기술 창조력을 갖추고 바른 인성을 겸비하여 새로운 지식을 창조하고 다양한 지식을 융합하여 새로운 가치를 창출할 수 있는 사람"

교육부에서 내린 창의융합형 인재의 정의다. 교육부는 학생들이 인문·사회·과학기술에 대한 기초 소양을 함양하여, 인문학적 상상력과 과학기술 창조력을 갖춘 창의융합형 인재로 성장할 수 있도록 한 '2015 개정 교육과정'을 발표하였다.

2015 개정 교육과정에 따라 2018학년도부터는 고등학교에서 문·이과 계열 구분 없이 1학년 공통과목으로 '국어, 수학, 영어, 한국사, 통합사회, 통합과학, 과학탐구실험'을 배우게 된다. 주목할 점은 사회와 과학 교과의 경우 사회·과학 현상을 통합적으로 이해할 수 있게 '대주제

(Big Idea)'를 중심으로 기술된 '통합사회', '통합과학'이 공통과목으로 신설된다는 것이다. 우리 시대 교육과는 달리 통합적 사고의 힘이 일반 교과 과정에서도 중요해지는 것이다.

대학에서도 최근 창의융합적 인재 양성에 대한 관심이 높아지고 있다. 대학마다 '핵심역량'이라는 것을 정하여 학생들이 이 핵심역량을 길러 나갈 수 있도록 대학 교육의 방향을 설정하고 있는데, 많은 대학들이 '창의'와 '융합'을 핵심역량으로 설정하고 있다. 최근에는 창의융합과 관련된 학과 및 전공도 많이 생겨나고 있으며, 학생들의 창의융합역량을 길러주기 위해 다양한 교육 방법을 시도하고 있다.

전공지식을 바탕으로 산업체나 사회에 필요한 작품을 스스로 설계하고 제작해 보는 종합설계 프로그램인 '캡스턴 디자인(Capstone Design)' 교과목이 이제는 공과 계열뿐만이 아닌 인문사회 계열까지 확대되고 있다.

창의와 융합은 최근 우리나라 교육의 화두이기도 하지만, 21세기 시대를 대표하는 키워드이기도 하다. 21세기에 제기되고 있는 기후, 질병, 환경 등의 이슈는 한 가지 지식이나 기술을 가지고 해결할 수 없는 복잡하고 다양한 문제이다. 이런 문제들을 해결하기 위해서는 서로 다른 분야를 넘나들며 새로운 방식으로 문제를 해결할 수 있는 역량이 필요하다. 그러기에 21세기 이후 미래는 과학기술과 인문학적 상상력을 모두 갖추고 이를 활용할 수 있는 인재를 필요로 한다.

기업은 통섭형 인재를 요구한다

애플의 창업자이자 최고 경영자였던 스티브 잡스는 '인문학과 기술이 만나는 지점에 애플이 존재한다.'라고 자주 말했다. 그는 소크라테스와 식사를 할 기회를 준다면 애플의 모든 기술과도 바꿀 수 있다고 말할 정도로 인문학에 대해 깊은 관심을 가지고 있었다. 그것이 애플이 시대를 바꾼 기업의 아이콘이 되는 핵심 역량이 되었을 거라 평가하는 이가 많다. 과거, 즉 부모 세대에는 한 분야에 대해서 깊게 아는 완벽주의자적 인재를 원했다면 이제 사회는 자신의 전문 분야뿐만 아니라 다른 분야에 대한 소양을 갖추고 통섭을 통해 창조적인 문제해결이 가능한 통섭형 인재를 원한다.

'통섭'이란 큰 줄기(統·통)를 잡다(攝·섭), 즉 '서로 다른 것을 한데 묶어 새로운 것을 잡는다.'는 뜻으로, 인문·사회과학과 자연과학을 통합해 새로운 것을 만들어 내는 것을 일컫는다. 미국의 생물학자 에드워드 윌슨이 사용한 '컨슬리언스(consilience)'란 용어를 그의 제자인 이화여대 최재천 교수가 국내에 번역하여 소개하면서 널리 알려지게 되었다. 최재천 교수가 정의하는 통섭형 인재는 '이것저것 잘하는 팔방미인이 아니라 자기 우물이 확실히 있으며, 다른 분야에도 소질이 있어 그 분야 사람들과 공동 연구를 할 수 있는 사람'이다.

《내 아이가 만날 미래》(코리아닷컴 펴냄)의 저자이자 의사, 사회과학자, 공학자, 미래학자, IT 전문가 등 다양한 이력을 가진 경희사이버대학교 정지훈 교수도 통섭형 인재의 대표적 사례이다. 정지훈 교수는 미래에는 다양한 분야의 정보를 이해하고 엮어 내는 능력을 갖춘 통섭형 인재가 되어야 하며, 이를 위해서는 좌뇌와 우뇌를 모두 활용해 넓게 보고 많이 보는 경험이 필요하다고 말한다.

통섭형 인재는 먼 미래가 아니라 당장 사회가 필요로 하는 요구이다. 최근 들어 많은 기업들이 다양한 분야와 영역을 서로 넘나들 수 있는 통섭형 인재의 중요성을 깨닫고 이러한 인재들을 찾아 나서고 있다. 경영환경이 갈수록 복잡해지고 불확실성이 높아지면서 한정된 지식과 편협한 마인드를 가지고는 이러한 문제를 해결하기가 어려워졌기 때문이다. 복잡한 사회의 벽을 뛰어넘기 위해서 통섭 능력이 필요함을 일의 현장에서 이미 실감하고 있는 것이다.

2015년 한국고용정보원이 빅데이터 기법을 활용하여 기업들이 신입사원을 채용할 때 중요시하는 항목을 분석했는데, 분석 결과 최근 기업들은 도전적·창의적인 인재를 선호하는 것으로 나타났다. 이런 경향은 채용 직군 유형별 분석에서도 공통적으로 나타났는데, 경영지원·연구개발·정보기술 직군은 도전정신을, 마케팅영업·생산품질관리 직군은 창의성을 중시했다.

국내 기업 중에서 통섭형 인재의 중요성을 강조하고 있는 기업의 예가 포스코(POSCO)이다. 포스코는 기존 사업을 새로운 시각으로 접근할 수 있는 창조적 전환 능력을 갖춘 통섭형 인재를 선발하고 육성한다. 신입사원 채용에서 주 전공 외에 다른 계열 전공을 이수한 통섭 역량을 갖춘 지원자에게 가산점을 주고, 교육 프로그램 역시 통섭형 인재 육성에 맞추어져 있다. 이렇듯 이제는 분야별 경계를 넘어 전문성과 창의성을 발휘할 수 있는 통섭형 인재가 요구되고 있다.

창조적 마찰로 새로움을 창조하라

"예술은 기술 발전을 부추기고 기술은 예술에 영감을 준다."

〈토이 스토리〉, 〈니모를 찾아서〉, 〈몬스터 주식회사〉 등 많은 애니메이션을 만들고 있는 픽사(PIXAR)의 기본 철학이다. 픽사의 경우 영화를 만드는 과정에서 예술 팀과 기술 팀이 서로 어우러져 일하며, 제작과정에서 '기술'과 '예술'을 창의적으로 융합시킨다. 픽사의 시스템 개발자였던 그레그 브랜도는 픽사가 마법 같은 성공을 이루어 낼 수 있었던 이유로 기술과 예술이라는 두 핵심 분야가 서로 충돌했을 때 하나가 할 수 있는 것보다 더 나은 것을 만들어 낼 수 있었기 때문이라 설명한다. 실제 과학기술과 예술은 서로 상호보완적인 능력이 되어 서로를 촉진시킨다. 과학기술은 예술에 방법론적 도구를 제공하고, 예술은 과학기술의 발전에 창의적 모델을 제공한다.

'창조적 마찰'은 내가 개인적으로 좋아하는 말이다. 우리는 서로 다른 것들 간의 마찰을 '충돌, 혼란, 문제'라고 규명하기 쉬운데, 혁신과 문제

해결을 위한 이질적인 것들 간의 마찰은 '창조'의 원천이 된다. 다양성 및 새로운 시각을 제시하기 때문이다.

최근에는 창조적 마찰을 위해 의도적으로 서로 다른 지식과 시각을 갖춘 사람들로 팀을 운영하기도 한다. 이의 대표적인 예가 스탠퍼드 대학의 D 스쿨이다. D 스쿨은 'Design School'의 약자인데, 여기에서는 디자인을 가르치는 것이 아니라 '생각을 디자인하는 방법'을 가르친다. D 스쿨에는 화학과, 정치학과, 미디어학과, 의학과, 법학과, 엔지니어링, MBA 등 다양한 전공을 가진 학생들이 모여 있다. 수업에서 팀을 만들 때는 서로 다른 관점과 경험을 가진 이들을 섞어 놓는다. 창조적 아이디어는 다양함과 다름에서 나오기 때문이라고 믿기 때문이다. 이를 D 스쿨에서는 '극단적 협력(radical collaboration)'이라고 부른다.

문제를 해결하기 위해서는 서로 다른 관점과 다른 경험이 필요하다. 우리나라 대학들도 학생들의 창의융합적 사고를 촉진하기 위해 공학계열, 인문계열, 디자인 계열 학생들을 팀으로 구성하여 창의적 문제를 해결하는 다 학제 간 프로젝트 수업이 점차적으로 늘어나고 있다.

02

디자인적 사고를
키워라

디 자 인 적   사 고 의   힘

"둘 중 하나를 선택하면 나머지 하나는 포기해야 하는 양자택일적 사
고를 버리고 두 대안의 장점을 통합하여 새로운 대안을 창조해야만 새로
운 차이를 만들 수 있다."

'디자인적 사고(Design Thinking)'의 주창자인 로저 마틴의 말이다. 인
간 중심 사고를 통해 혁신적인 대안을 연구하는 문제 해결방법론이자,
직관과 분석을 통합할 수 있도록 도와주는 도구가 바로 디자인적 사고
이다.

세계적인 디자인기업이자 디자인컨설팅 회사인 아이데오(IDEO)는
이러한 디자인 싱킹을 디자인에 곧바로 적용하고 있는 기업이다. 앞서
소개한 스탠퍼드 대학의 D스쿨은 세계적인 소프트웨어 회사 SAP를 공
동 창업한 하소 플래트너가 아이데오의 디자인 싱킹 방법을 널리 퍼트

리고자 지난 2005년 스탠퍼드에 거액을 기부하여 만든 프로그램이기도 하다. 디자인 싱킹은 '공감하기(empathize) - 정의하기(define) - 아이디어 내기(ideate) - 시제품 만들기(prototype) - 시험하기(test)'의 5단계를 거친다.

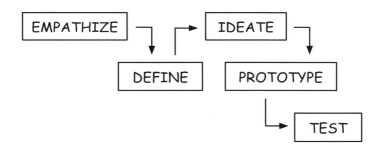

사용자를 관찰하여 진짜 문제를 찾아내고, 그 문제를 해결할 수 있는 다양한 방법을 모색한 후, 초기의 빠른 프로토타이핑(rapid prototyping) 및 다양한 평가를 통해 아이디어를 발전시켜 나가는 프로세스이다. 아이데오에는 인간 공학, 기계 공학, 전자 공학, 소프트웨어 공학, 산업 디자인, 인터랙션 디자인 등 각 분야의 전문가들이 모여 프로젝트를 수행하는데, 아이디어를 나누고 피드백을 촉진하는 브레인스토밍을 통해 나온 내용을 프로토타입으로 제작한다. 생각한 것을 바로 제작으로 연결해 거기에서 나오는 문제점을 파악하는 것이다. '일찍 성공하려면 일찍 실패하라'라는 아이데오(IDEO)의 디자인 모토와 잘 어울리는 프로세스다.

아이데오(IDEO)의 최고경영자(CEO)인 팀 브라운에 따르면 디자인적 사고는 1) 집중적 사고와 확산적 사고, 2) 분석과 통합, 3) 실험 허용, 4) 낙관적 문화로 구성되어 있다.

과거에는 어떠한 문제를 해결하기 위한 수단으로 분석적 사고, 과학적 사고를 강조했으며, 문제에 대한 정답은 한 가지라는 생각이 팽배했었다. 그러나 사회가 점차 변화무쌍해지고 불확실해지면서 수렴적 사고와 확산적 사고, 분석과 통합, 이러한 다양한 사고방식이 조화를 이루는 균형이 중요해졌다. 지속 가능한 혁신을 위해서는 더 이상 한쪽으로 치우친 전략으로 성공할 수 없기 때문이다.

오늘날 전 세계 기업들은 인간 중심 사고를 통해 혁신적인 대안을 연구하는 문제 해결 방법으로 기획 및 신제품 개발, 서비스 개선 등에 디자인 싱킹을 적극적으로 도입하고 있으며, 우리나라에서도 최근 몇 년 동안 학생들의 창의적 문제해결력을 길러 주기 위해 디자인 싱킹 훈련이 확대되는 추세다.

사 용 자 가 아 닌 개 발 자 가 되 어 보 기

디자인 싱킹 훈련을 통해 아이들이 얻을 수 있는 이득 중 가장 강력한 것이 자신에 대한 창의적 효능감의 상승이다. 실제 대학생들을 대상으로 방학 동안 창의훈련 아카데미를 운영하면서 디자인 싱킹 활동을 통한 문제해결 프로젝트를 해 보았는데, 프로그램이 끝난 후 학생들의 대표적인 반응이 '우리가 이렇게 좋은 아이디어를 만들어 낼 줄 몰랐다.'는 것이었다. 날것 상태의 아이디어가 팀별로 디자인 싱킹 프로세스를 겪으면서 점점 더 구체화되고 창의적 아이디어가 더해지고 실행 가능성이 높아지는 것을 보면서 학생들은 자신의 창의성에 대한 자신감을 갖게 되었다.

아이를 창의융합형 인재로 키우고 싶다면 놀이를 통해 창의성을 키우고, 사용자가 아닌 개발자가 되어 보는 경험을 해 보도록 유도하는 것이 좋다. 놀이는 아이의 창의성을 높여 주는 가장 좋은 활동이다.

《내 아이가 만날 미래》(코리아닷컴 펴냄)의 저자인 경희사이버대 정지훈 교수도 창의력을 키우는 가장 좋은 방법은 '마음껏 상상하고 뛰어놀게 하는 것'이라고 말한다. 《노는 만큼 성공한다》(21세기북스 펴냄)의 저자이자 여러 가지 문화소장의 김정운 소장도 '잘 노는 사람은 가상의 상황에 익숙하고 놀이의 본질은 상상력이기 때문에 노는 것이 창의적이 되는 길'이라고 강하게 주장한다.

아이들이 노는 방법을 잘 지켜보면 스스로 놀이를 고안해 내고 그 안에서 다양한 표현을 개발해 낸다. 놀이에는 정답이 없기 때문에 같이 참여한 아이들이 주도하는 방식에 따라 언제든 놀이의 방향이 바뀔 수 있다. 이때 중요한 것은 어른의 개입을 최소화하는 것과 놀이에 몰입할 수 있는 최소한의 시간을 보장해 주는 것이다. 시중의 키즈카페나 놀이터는 아이에게 있어 진정한 놀이의 경험을 제공해 주지 못한다. 기구에서 기구로, 장소를 바꿔 옮겨 다닐 뿐, 창의성을 키우는 놀이가 아니다.

놀이는 다양하고 복잡하며 변화를 수반해야 한다. 많은 엄마들이 키즈카페에 애들을 데려가 풀어 놓고 아이가 놀고 있다며 뿌듯해하며 수다를 즐기는데, 이러한 놀이는 시간 때우기일 뿐이지 창의성을 키워 주는 놀이 활동과는 거리가 멀다.

차라리 텃밭에 모종삽 한 자루를 들고 나가 아이가 흙을 파며 놀게 하는 것이 진정한 놀이다. 텃밭에 아이를 데리고 나가면 아이는 곧 흙으로 집을 짓고, 흙을 파서 도랑을 만들고, 물을 부어 도랑을 개울로 만든다. 무엇을 만들 것인지, 어떤 순서로 만들 것인지, 서로의 역할은 무엇인지, 해도 되는 것과 하지 말아야 할 것 등 함께하는 아이들과 놀이의 규칙을 만들어 낸다. 스스로 놀이의 개발자, 혹은 문제 해결자가 되어보는 경험은 아이에게 '창의적 효능감'을 높여 준다.

최근에는 놀이의 중요성과 디자인 싱킹의 효용성을 결합하여 디자인 싱킹을 활용한 놀이 과정도 생겼다. 다른 아이들과 함께 노는 과정에 디자인 싱킹 툴을 적용하여 아이들이 소통과 협력을 통해 창의적 아이디어를 함께 만들어 가는 과정이다. 굳이 이런 놀이 과정에 참여하지 않더라도 부모가 디자인 싱킹에 대한 기본적인 이해만 있다면 아이와 집에서 놀이를 통해 문제해결자가 되고 개발자가 되는 활동을 할 수 있다.

주택에 살 무렵, 마당에서 개를 키웠는데 어느 날 마당에서 개를 보던 아들이 "엄마, 묶여 있는 데이지가 좀 불쌍한 것 같아요."라는 말을 했다. 그 얘기를 듣고 나는 디자인 싱킹 놀이를 생각해 냈다. 가족들이 함께 데이지를 좀 더 행복하게 만들어 주기 위해 무엇을 해 줄 수 있을지 아이디어를 내고 프로토타입을 만들어 보는 놀이를 해 본 것이다. 그 활동 내용은 다음과 같다.

공감하기	마당에 묶여 있는 개에 대해서 공감하기 30분 동안 데이지를 관찰하면서 데이지의 고통점(pain point)을 찾아보았다.	데이지가 언제 어떤 행동을 하는지, 어떤 소리를 내는지 살피며 관찰 노트에 적었다.
정의하기	데이지의 문제 정의하기 각자 데이지를 관찰한 결과를 공유하면서 데이지가 언제 불편할지 얘기해 보고, 가장 해결해 주고 싶은 문제를 정의했다.	관찰을 통해 데이지가 움직이다가 종종 목줄이 엉켜서 불편하다는 사실을 알게 되었고, 이를 해결하기로 했다.
아이디어 내기	목줄 꼬임을 해결할 수 있는 아이디어 내기 어떻게 하면 목줄이 꼬이는 것을 해결해 줄 수 있을지 생각나는 아이디어를 자유롭게 내 보았다.	최근에 같이 보았던 사물놀이에서 상모를 착안해서 상모에 줄이 달린 형태의 모자를 만들기로 했다.
프로토 타입 만들기	상모 형태의 모자 줄 만들기 실제로 생각한 아이디어 제품의 시제품을 만들어 보았다.	집 안에 있는 다양한 도구를 활용해서 데이지를 위한 끈이 달린 상모 형태의 모자를 만들어 보았다.
테스트하기	상모 모자 줄 테스트하기 만든 상모 모자 줄을 데이지에게 테스트해 보았다.	데이지에게 직접 모자 줄을 테스트하기가 어려워서 이 모자를 썼을 때 데이지가 어떤 경험을 하게 될지 생각해 보고, 프로토타입에 대한 주변 사람들의 의견을 묻고 개선점을 생각해 보았다.

우리 주변에는 늘 해결하고 싶은 문제나 이슈가 존재하며 일상의 간단한 문제에도 디자인적 사고를 적용시킬 수 있다. 프로토타입을 통해 성공한 제품을 만드는 것보다 중요한 것은 아이들에게 디자인 싱킹이라는 사고 과정을 통해 '공감, 관찰, 브레인스토밍, 시제품, 평가' 등 창의적 활동에서 활용되는 요소들을 경험해 보게 하는 것이다. 이러한 디자인적 사고 과정을 경험한 아이들은 주변의 다양한 문제에 관심을 가지고, 그것에 대한 해결책을 직접 만들어 보고 테스트해 보는 창의적 사고의 근육을 기르게 된다.

빠르게 실험하기의 생활화

실리콘밸리 알토스벤처스의 김한준 대표는 어느 인터뷰에서 한국에서 스타트업 기업이 나오기 힘든 이유 중 하나가 '너무 오래 끌기'에 있다고 말했다.

"제품을 기획해서 내놓기까지 시간을 너무 많이 들입니다. 이 디자인이 좋은지, 저 디자인이 좋은지 내부 논쟁도 많습니다. 실패할까 두려운 거죠. 그래서 기획한 것, 또 보고 또 보고 합니다. 기획 단계에서 논쟁할 시간 있으면, 어떻게 하면 효율적으로 시장에서 실험하고 테스트할지 고민해야 합니다. '완벽한 것을 내놓겠다'가 아니라 '어떻게 실험해서 바꿀 것인가'가 더 중요합니다. 마인드셋을 바꿔야 합니다."

얼마 전까지만 해도 철저한 기획의 중요성이 강조되었다. 그러나 지금은 철저한 기획보다는 빠른 실험이 더 강조되고 있다. '기획-생산-서비스'로 가는 단계에서 생산에 소비되는 시간을 최소화하고 빠르게 기획과 서비스가 만날 수 있도록 하는 것이다. 그리고 그 과정을 통해 수정해야 할 점을 찾고, 다시 재기획으로 들어가는 것이다. 완벽한 것을 만들겠다는 생각을 가지면 자신의 생각에 갇히기 쉽고, 나중에 수정할 것이 발견된다고 하더라도 자신이 오래 생각했던 아이디어에 대한 애착이 생겨서 버리는 것이 힘들어진다. 그래서 버릴 생각, 혹은 바꿀 생각을 가지고 시제품(프로토타입)을 만들어서 작은 실험들을 통해 완벽함을 추구하는 것이 더 효과적이다.

《성취 습관》(알키 펴냄)의 저자인 버나드 로스 교수는 시제품 만들기가 문제 해결을 위한 진척을 이룰 수 있는 효과적 방법이라고 주장한다. 그는 '대화, 작성된 원고, 단편 영화, 촌극, 사회적이거나 개인적 문제의 물리적 형태, 물체의 실제 물리적 모형' 등 어떤 형태라도 시제품이 될 수 있으며, 빠르게 시제품을 만들어보는 습관이 바로 성취 습관과 연결된다고 주장한다. 어떤 일을 생각하는 데 너무 시간을 많이 쓰지 말고 머릿속에 떠오른 생각에 대해 빠르게 시제품을 만들고 그것에 대해 피드백을 받으며 전진해야 한다.

'우물쭈물하다가 이렇게 될 줄 알았다.'는 조지 버나드 쇼의 말처럼 우물쭈물하고 생각만 하거나 완벽함을 추구하고 있다가는 기차가 떠나 버린다.

'세상에는 해 본 사람과 안 해 본 사람만이 존재한다.' 그러니 어떤 문제에 닥치거나 새로운 아이디어가 떠올랐다면 'Just Do It!' 직접 해 보자. 작은 실험이라도 말이다. 그러한 과정을 통해 창의적인 아이디어를 자유롭게 도출하고, 다양한 상황이나 의견을 반영하여 융합적인 의사결정을 하는 역량이 길러진다.

완벽주의에서 벗어나기

빠른 실험을 통해 창의적 아이디어를 내기 위해서는 '완벽주의' 성향을 버려야 한다. 완벽주의 성향을 가진 아이들은 빠르게 시행하는 것 자체가 힘들다. 새로운 변화에 대한 스트레스도 높고 도전정신도 낮은 경우가 많다.

대학에서 학습 코칭을 진행하면서 알게 된 흥미로운 사실 중 하나가 많은 학생들이 완벽주의로 인한 학업 스트레스 및 학업 손실을 겪고 있다는 점이다. 학습 유형 검사를 통해 학생들의 성향을 진단해 보면 실제로 학사경고를 받는 학생들 중에는 완벽 성향이 높은 학생들이 많다. 그런데 완벽 성향이 높은 학생들은 스스로 자신이 완벽주의라는 것을 인지하지 못한다. 그저 자신들은 학업에 흥미가 없거나, 게으르다고 말한다.

완벽주의는 다양한 얼굴을 가지고 있어서 찾아내는 것이 쉽지 않다. 어떤 사람은 모든 것을 완벽하게 해내려고 세심한 것에 주의를 기울이고, 반복하고, 실수할 것에 대해서 노심초사한다. 어떤 사람은 어떤 일을 하려고 책상 앞에 앉아 딴짓을 하고 일을 계속 미룬다. 후자의 경우가 '소극적 완벽주의'의 예이다. 이들은 매사에 무관심해 보이고, 쉽게 포기하는 것처럼 보여 결코 외부에 완벽주의로 비추어지지 않지만, 사실은 완벽주의 때문에 계속 일을 미루고 회피하는 것이다. 잘할 수 없을 것이라는 불안감, 잘못했을 때 인정받지 못할 것이라는 두려움, 실수에 대한 공포 때문에 계속 머뭇거리는 것이다.

완벽주의 성향이 강하면 다른 사람과 협업을 할 때 자신의 의견을 드러내는 것, 그리고 의견에 대해 다른 사람의 피드백을 받는 것에 불편함을 느낀다. 그리고 자신의 기준에 맞추어 완벽하게 일을 해내려는 성향 때문에 혼자서 일을 다 맡아서 하거나, 아니면 아예 방관자가 되어버린다. 사람들과의 관계에서 필연적으로 생기는 갈등이나 상처를 회피하려고 하기 때문에 인간관계가 쉽지 않다.

완벽주의 성향이 강하면 빠르게 비판 없이 아이디어를 내는 브레인스토밍 활동에서 창의적인 생각을 내거나, 위험을 무릅쓰고 새로운 것에 도전하는 것에 어려움을 겪는다. 모든 가능한 시나리오를 대비해서 계획을 수립하는 성향 때문에 신속한 의사결정과 시행을 하지 못할 가능성이 크다. 완벽주의 성향은 다른 사람들과 협업을 해야 하는 일이 많아지고, 변화에 신속하게 대처해야 하며, 창의적인 사고를 요구하는 현대 사회에 잘 적응하지 못하게 막는 방해요인이 된다.

심리학자인 톰 그린스펀은 《아이와 완벽주의》^(엑스오북스 펴냄)란 책에서 과도한 성취를 요구하는 부모, 성취에 따라 조건적 사랑을 주는 부모, 무관심한 부모가 아이의 완벽주의 성향을 키운다고 주장한다. 아이가 부모로부터 수용받기 위해 '어떤 조건'이 필요하다고 믿는 정서적 확신을 갖게 되면 이러한 정서적 확신은 아이에게 "내가 완벽하면 수용될 수 있을 텐데."라는 생각을 주게 되어 그로 인한 부작용이 심각하다고 말한다.

그는 부모가 어릴 때 반드시 찾아서 고쳐 줘야 할 단 한 가지가 바로 완벽주의라고 지적하며, 아이의 완벽주의를 고쳐 주기 위해서는 '수용감'을 느낄 수 있는 환경을 만들어 주라고 말한다. 수용감을 느낄 수 있는 환경이라는 것은 아이가 성취와 관계없이 자신의 가치를 인정받는 환경을 만들어 준다는 것이다. 구체적으로 아이에게 행위의 결과에 대한 칭찬보다는 과정, 감정, 가치를 강조하는 격려를 해 주고, 다른 사람과 비교하는 일을 삼가야 한다.

하버드 대학의 긍정 심리학 교수인 탈 벤 샤하르 역시 그의 저서 《완벽의 추구》^(위즈덤하우스 펴냄)에서 완벽주의는 결코 행복해질 수 없으며, 단기적으로는 성과를 낼 수 있으나 장기적 성과는 낮을 수 있다고 말한다.

나 역시 두 분의 의견에 동의한다. 창의적인 아이로 키우고 싶다면 아이가 완벽하지 않은 것을 허용하고 완벽해지지 않을 용기를 가지도록 해야 한다. 아이가 완벽이라는 갑옷에 갇혀 움직이지 않으려고 한다면 이런 말을 건네라.

"완벽하지 않아도 괜찮아. 그냥 시도해 봐."

"결과와 관계없이 해 보는 게 중요해."

"일단 해 보고 나서 수정해 보자."

넘 나 들 며   배 우 기

어떤 목적을 위해 다양한 분야를 넘나들며 다양성을 융합시켜 새로
운 것을 만드는 사람을 '호모 컨버전스(Homo Convergence)'라고 한다.

창의융합 시대에는 이렇게 잘 넘나드는 사람이 필요하다. 서로 다른
경험을 넘나들고, 학문 분야를 넘나들고, 서로 다른 사람을 넘나들면서
창의융합적 역량이 키워진다. 그러기 위해서는 경계를 두지 않고 돌아
다녀 봐야 한다.

가장 이상적인 넘나들며 배우기는 오감을 통한 직접 체험이다. 내가
아는 대학생 중에 의도적으로 '와인' 모임에 간다는 학생이 있다. 이유
는 간단하다. 와인 모임에 오는 사람들이 너무나 다양하여 그들과의 대
화를 통해 다양한 시각을 얻고, 간접 경험을 할 수 있기 때문이다. 최근
많은 대학생들은 복수전공이나 다전공을 통해서 학문적 넘나들기를 시
도하고 있다. 학문 간에 벽이 높은 교수 사회에서도 넘나들며 배우기의
문화가 조금씩 확산되고 있다.

나는 현재 대학에서 학습 지원 및 교수 지원 기획을 함께 담당하고 있
는데, 우리 대학에 와서 가장 먼저 만든 것이 타 학문을 하는 교수자들

간의 소통의 장이었다. 서로 다른 전공을 가진 교수자들이 모여 연구를 하고 토론을 하면서 서로 간의 경계를 넘나들고, 그 넘나듦을 통해서 성장할 수 있도록 '교수 연구 모임', '교수자 북클럽 모임', '런치토크' 같은 프로그램을 기획하여 운영하고 있다.

직접 해 보는 넘나들기가 가장 좋지만, 간접적인 넘나들기로서 가장 좋은 방법이 책 읽기다. 《책을 읽는 사람만이 손에 넣는 것》(비즈니스북스 펴냄)의 저자인 후지하라 가즈히로는 독서의 중요성에 대해 다음과 같이 말한다.

"나는 앞으로 일본에서는 신분이나 권력이나 돈에 의한 '계급사회'가 아니라, 독서 습관이 있는 사람과 독서 습관이 없는 사람으로 양분되는 '계층 사회'가 생겨날 것으로 보고 있다."

융합적 사고와 지식이 필요한 현대, 미래 사회에 있어서 독서 습관은 지식을 양분하는 기준이 될 것이다. 독서는 요즘 같은 융복합 시대에 창의융합적 사고를 길러 주는 매우 효과적인 수단이다.

융합적 사고의 기초는 다른 것에 대한 수용성이다. 다양한 분야에 대한 책을 읽으면서 시각과 경험을 넓혀 나가야 자신의 경계를 넘어선 다른 것을 받아들이는 것에 익숙해진다. 일단 이러한 수용성이 있어야 그 다음에 다른 분야를 넘나들고 싶은 동기와 노력이 수반되는 것이다.

그래서 나는 대학생들에게 자신의 분야가 아닌 다른 분야에 대한 책을 많이 읽으라고 강력하게 권한다. 그래야 서로의 언어를 알게 되고, 같이 협업을 하거나, 융합적인 일을 할 때 소통을 할 수 있게 된다.

• A C T I U I T Y • **창의융합력을 키우는 융합적 책 읽기**

융합적 책 읽기와 관련해서 아이와 함께할 수 있는 활동 두 가지를 소개하고자 한다. 두 가지 모두 독서 편식 습관을 막고, 다양한 책을 접하여 융합적 지식과 사고를 습득하도록 하는 방법이다.

첫 번째는 나루케 마코토가 《책, 열 권을 동시에 읽어라》(뜨인돌 펴냄)에서 소개한 '초병렬 독서방법'이다. 전혀 다른 장르의 책을 동시에 읽는 것으로, 서로 다른 책에서 같은 주제에 대해서 어떻게 다르게 이야기하고 있는지, 어떤 다른 인물, 배경, 사건이 등장하는지 살피면서 비교 분석을 해 보는 것이다. 나루케 마코토는 초병렬 독서는 다양한 분야의 지식을 습득하는데 유용하고, 융합적 사고를 촉진하고, 새로운 관점이나 해결방안을 도출하는 데 유용하다고 말한다.

아이가 어리다면 함께 초병렬 동화 읽기를 할 수 있다. 시대적 배경이 다르거나 그림 분위기가 다른 몇 권의 동화책을 읽으면서 서로 다른 책들이 어떻게 통하는지 얘기해 보는 활동은 아이의 융합적 사고를 키워주는 데 도움이 된다. 예를 들어 '사랑', '우정', '가족' 등의 주제를 놓고 서로 다른 책들이 어떻게 다른 이야기를 펼쳐내고 있는지를 이야기해 볼 수 있다.

나는 학생들에게 활동지를 활용해서 초병렬 독서를 해보라고 말한다. 가운데 원에 내가 해결하고 싶은 문제, 혹은 궁금한 내용을 키워드로 적는다. 그러고 나서 여러 권의 책을 동시에 읽으면서 그 문제 혹은 질문에 대한 답을 찾아본다. 마지막으로 각 책에서 얻은 해결방안이나 해답을 통합적으로 연결해서 정리해 본다.

다음은 초병렬 독서 활동지의 예이다.

1번 책 제목 / 주제 / 장르	2번 책 제목 / 주제 / 장르
제목 : 《내가 살고 싶은 집은》 주제 : 건축 / 장르 : 에세이	제목 : 《풀꽃》 주제 : 자연 / 장르 : 시

1번 책을 통해 얻은 내용	2번 책을 통해 얻은 내용
목표를 공유하면 대화가 쉬워진다.	자세히 보면 예쁘다.

해결할 문제
의사소통 잘하기

3번 책을 통해 얻은 내용	4번 책을 통해 얻은 내용
상대의 의도를 해부해 볼 수 있어야 한다.	너와 나의 감정이 다름을 인정하라.

3번 책 제목 / 주제 / 장르	4번 책 제목 / 주제 / 장르
제목 : 《정확한 사랑의 실험》 주제 : 영화 / 장르 : 평론	제목 : 《감정은 다 다르고 특별해》 주제 : 감정 / 장르 : 아동도서

의사소통의 4가지 전략
1. 목표를 공유한다.
2. 의도, 해부하면 보인다.
3. 자세히 보면 예쁘다.
4. 감정은 다 소중하다.

초병렬 독서방법과 어찌 보면 상반되는 방법으로 내가 소개하고 싶은 방법은 최재천 교수가 추천하신 '기획 독서법'이다. 최재천 교수는 본인이 통섭의 전문가가 될 수 있었던 요인으로 기획 독서를 꼽는다. 자신이 모르는 분야를 파고드는 독서를 해 보는 것이다. 완전히 새로운 분야의 책을 붙들고 씨름하다 보면 이러한 기획독서가 진로를 바꾸는 나비효과를 만들 수도 있다고 말한다.

아이와도 이런 기획독서를 해 볼 수 있다. 평소에 관심을 갖지 않는 분야와 관심을 갖는 분야의 연결점을 찾아 거기에서부터 기획독서를 시작해 보는 것이다. 조금씩 새로운 분야를 알게 되는 즐거움을 느끼고, 그것을 아는 분야와 연결해 확장시켜 보는 연습을 한다면 자신이 좋아하는 분야에 대한 책만 읽으려는 편식 습관을 막을 수 있다.

이 미 지 화 와 시 각 화

영업직원에게 데생 교육을 시키는 기업이 있다. 바로 애니메이션을 만드는 픽사(PIXAR)이다. 영업직원에게 데생 교육을 시키는 이유는 그림을 잘 그리게 하기 위함이 아니다. 그림을 그리기 위해서는 사물을 유심하게 관찰해야 하는데, 이러한 관찰력이 영업의 핵심이 되며, 관찰을 통해 새로운 영감과 통찰을 얻을 수 있다고 믿기 때문이다.

세계적 기업인 제너럴일렉트릭(GE)사는 업무적 상상력을 키우게 하기 위해 만화 그리기를 한다. 직원들에게 만화책을 보게 하고, 자신이 생각하는 가장 어려운 문제를 만화로 표현해 보게 한다.

앞서 소개했던 D 스쿨의 경우도 '시각화'를 기반으로 생각을 디자인한다. 실제 D 스쿨을 방문했던 교수님의 말에 따르면 D 스쿨에 들어가는 순간 D 스쿨에서 일어나는 모든 것들이 다 시각화되어 있어 흥미로 웠다고 한다.

픽사, 제너럴일렉트릭, D 스쿨이 실제로 생각을 그려 보는 시각화를 강조하는 이유는 시각화는 상상력과 창의력으로 연결되기 때문이다. 우리는 매일 많은 생각을 하지만 대부분의 생각이 그냥 빠져나가 버린 다. 마음속에 새기지 않았기 때문이다. 생각의 그림을 그려 보는 것은 마음속에 생각의 지도를 그릴 수 있는 효과적인 방법이다. 공부를 잘하 는 학생들은 자신의 머릿속에 들어 있는 지식의 그림을 잘 그려낸다. 예 를 들어 마인드맵과 같은 도구를 통해 전체적인 그림이나 부분 요소 간 의 관계를 잘 그려내는 것이다.

《습관의 힘》(갤리온 펴냄)의 저자 찰스 두히그는 시각화와 관련하여 '심성 모형(Mental Model)'이 집중력을 발휘하고 성과를 내는 중요한 습관이 라고 말한다. 어떠한 일을 시작할 때 미리 예상되는 상황의 그림을 그려 보거나, 읽은 책의 내용에 대한 그림을 그려 보는 것이 심성 모형이다. 찰스 두히그는 이러한 심성 모형을 만들 수 있어야 어떠한 정보를 제대 로 이해하고 올바르게 사용할 수 있다고 주장한다.

아이의 상상력과 창의력을 길러 주고 싶다면 어릴 때부터 생각을 시 각적으로 표현해 보는 연습을 많이 시켜라. 상상력은 시각화에서 시작 하며, 시각화는 상상력을 구체화시켜준다.

마인드맵이 될 수도 있고, 정보를 간단한 그림으로 표현하는 인포그 래픽이 될 수도 있다. 아이와 대화를 나눌 때도 그림을 그리면서 대화 를 나누면 아이가 시각화에 익숙해질 수 있다.

"예술은 불필요한 부분을 제거하는 작업이다."는 명언은 파블로 피카소가 남긴 말이다. 그의 소 연작 작품을 보면 처음에는 소에 대한 사실적인 표현으로부터 시작해 점차로 스케치가 단순해지면서 마지막에는 몇 개의 선으로 나타낸 소의 모습이 남는다. 그런데 최종적으로 단순하게 표현된 소의 모습이 더 직관적이고 오래 머리에 남는다.

학생들에게 창의성 강의를 할 때면 복잡함 속에서 단순함을 끌어내고, 핵심을 찾아낼 수 있는 능력도 창의성이라고 말한다. 그러면서 내가 추천하는 것이 평소에 인포그래픽과 친해지는 것이다. '인포그래픽(Infographic)'이란 말 그대로 'Info(정보)'를 도형, 차트, 그림 등의 'Graphic(그래픽)'을 활용해서 표현하는 것이다.

학생들이 발표를 할 때 "그래서 하고 싶은 말이 한마디로 뭔가요?"라고 질문을 던지면 대부분 학생들이 답을 머뭇거린다. 주절주절 오래 얘기하는 것은 잘하지만, 짧은 시간에 핵심적인 내용만을 잡아 발표하는 것은 어려워한다. 그래서 나는 꼭 글을 쓰거나 발표를 준비하는 단계에서 하고 싶은 말을 A4 한 장에 그려 보라고 한다.

아이와도 이런 활동을 해 볼 수 있다.

"이 말을 그림으로 표현하면 어떻게 될까?"

아이가 인포그래픽과 친해지기를 원한다면 먼저 인포그래픽 정보에 많이 노출될 수 있도록 하는 게 좋다. 최근에는 대부분의 신문사들이 인포그래픽 뉴스를 따로 제공하고 있어서 관심 있는 주제에 대한 인포그래픽 뉴스를 보면서 어떻게 인포그래픽을 활용했는지 이야기를 나눌 수 있다. 그리고 평소에 글로 썼던 것들을 참고해서 인포그래픽으로 전환하는 활동을 같이해 보는 것이다. 예를 들어 이번 달 용돈 지출에 대해 정리해 볼 때 그냥 항목별로 얼마를 썼다고 적는 것이 아니라, 이를 인포그래픽을 활용하여 차트 형태로 그려 보도록 할 수 있다.

| ·ACTIUITY· | 포스트잇 스토리텔링 |

손쉽게 구할 수 있는 포스트잇은 아이와 여러 가지 활동을 할 수 있는 효과적인 도구이다. 나는 아이가 어릴 때부터 포스트잇을 많이 사용해 왔다. 그래서 내가 포스트잇을 꺼내면 아들은 뭔가 재미있는 활동을 할 거라고 생각하고 기대를 건다.

최근에 많이 사용하는 활동은 '포스트잇 스토리텔링'이다. 아이가 초등학교에 입학 후 처음 받은 일기 숙제를 너무 부담스러워했다. 그래서 일기를 글로 쓰기 전에 먼저 오늘 하루를 돌아보면서 가장 기억에 남은 일, 느낌, 사람, 생각 등을 포스트잇 한 장에 하나씩 키워드를 쓰거나 그림으로 그리도록 했다. "제일 기억에 남은 건 뭐야?", "어떤 일이 제일 먼저 일어났지?" 같은 질문을 던지면서 포스트잇에 적힌 내용을 배열하도록 했다. 그러고는 배열된 포스트잇 내용을 가지고 하나의 스토리를 만들고, 그 내용을 바탕으로 일기를 적어 보았다.

이처럼 포스트잇은 생각을 밖으로 꺼내어 볼 수 있도록 하는 좋은 도구가 될 수 있다.

Chapter

협업력 :
다름을 도움으로 만드는 역량을 길러라

"사람에게 낚시를 가르쳐 주면 물고기가 잡히는 한
물고기를 잡아먹을 수 있다. 그런데 물고기 말고
평생 동안 먹을 것을 찾도록 알려주는
가장 좋은 방법은 무엇일까?"

이제 혼자 성공하는 시대는 지나갔다. '똑똑한 나'보다 '똑똑한 우리'를 원하는 시대다. 미래는 똑똑한 우리를 만들어 낼 수 있는 협업력이 있는 인재를 원한다. 협업은 물리적인 결합이 아니라 화학적인 결합이다. 다른 말로 각자의 역량을 모아 합치는 것이 아니라, 각자가 가진 역량을 곱해서 시너지가 날 수 있도록 하는 것이다.

다른 사람과의 협업에서 시너지를 낼 수 있는 아이로 키우고 싶다면 어릴 때부터 다름이 도움이 되는 경험을 많이 하고, 협업의 긍정적인 가치를 스스로 느낄 수 있도록 해 주어야 한다. '갈등'이라는 학습의 장에 아이를 빠뜨리고 거기에서 갈등 해결력을 배우게 하라. 서로 다른 사람들과 생각들을 이어 줄 수 있는 '미들맨'으로서의 역량을 키워야 할 때이다.

01

혼자 성공하는 시대는
지나갔다

집 단 지 성 의 힘

퀴즈를 하나 같이 풀어 보자. [   ] 안에 들어갈 내용은 무엇일까?

　"사람에게 낚시를 가르쳐 주면 물고기가 잡히는 한 물고기를 잡아먹을 수 있다. 그러나 [   ] 하면 평생 동안 어떻게 먹을 것을 찾을지 배울 수 있다."

　아이가 유치원에 다닐 때 부모 오리엔테이션에서 유치원 원장 선생님이 학부모들에게 "부모님들, 아이들에게 물고기를 잡아 주지 말고 물고기 잡는 법을 알려 주라는 말 들어 보셨죠? 이젠 이 말이 어떻게 바뀌었는지 아시나요?"라는 질문을 던졌다. 참석한 부모들이 웅성거리며 대답을 주저하자 원장 선생님은 이렇게 말씀했다.

"'물고기 잡는 방법을 알려 주지 말고 물고기 잡는 것을 즐기도록 해라'로 바뀌었답니다."

즐길 줄 아는 아이로 키우겠다는 유치원의 철학을 이 질문을 통해 끌어낸 것이다. 그런데 만약 잡을 수 없는 물고기가 더 이상 없다면 어떻게 할 것인가? 그럼 물고기를 잡는 기술도 필요 없어지고, 그걸 즐길 줄 아는 태도도 필요 없어진다. 물고기가 있는 한에서만 이것들이 필요하다. 만약 물고기가 사라진다면 우리는 물고기 외에 먹을 것을 어떻게 찾을지를 배워야 하는데 과연 어떻게 하면 이 방법을 배울 수 있을까?

괄호 안에 들어갈 정답을 공개하자면 바로 '학습공동체 형성'이다. 더글러스 토머스와 존 실리 브라운이 《공부하는 사람들》(라이팅하우스 펴냄)이란 책에서 주장한 내용이다. 앞으로는 개인이 가진 지성이 혼자서는 큰 힘을 발휘하지 못한다. 다른 사람과의 관계 속에서 참여하고 상호작용하면서 개인이 가진 지성을 집단 지성으로 녹여 낼 수 있어야 한다.

혼자 성공하기 힘든 이유

한마디로 이제 혼자 성공하는 시대는 갔다. 그 이유는 크게 두 가지로 살펴볼 수 있다.

첫째, 더글러스 토머스와 존 실리 브라운이 주장하는 것처럼 전문성이나 저작권이 어느 한 개인에게 집중되어 있기보다는 다수에게 산재되어 있기 때문이다. 그런 이유로 네트워킹이 더 중요해졌다.

둘째, 우리 사회는 점점 더 다양하고 복잡해지고 있다. 하나의 방법으로는 풀 수 없는 복잡한 사회 문제들이 생겨나고 있으며, 기존에 생각지도 못했던 새로운 문제들이 계속해서 생겨나고 있다. 물고기가 사라진다는 것을 예상하지 못했던 것처럼 말이다. 복잡한 문제를 풀어 나가기 위해서는 다양한 관점과 지식을 가진 사람들의 협업이 필요하다.

많은 기업에서 '혁신'을 위한 노력을 하고 있는데 그러한 혁신의 중심에는 '협업'이 있다. 기업에서의 업무 문화도 협력 중심의 팀 문화로 바뀌었다. 이전에는 '분업화'와 '전문화'에 초점을 두었다면 최근에는 '통합'과 '협력'에 더 비중을 두고 있다. 그래서 이제는 '똑똑한 개인'을 원하기보다는 '나보다 강한 우리를 만들어 낼 수 있는 팀원'을 원한다.

팀워크는 개별 직원의 IQ의 결과가 아니라 지적 네트워킹의 결과이다. 팀워크를 통해 각기 다른 능력을 갖춘 다양한 사람들의 잠재력이 하나로 모아져 집단천재성이 만들어졌을 때, 이것이 혁신의 동력이 된다. 우리가 잘 알고 있는 구글(Google), 페이스북(facebook), 유니클로(UNIQLO), 디즈니(Disney), 픽사(PIXAR)와 같은 세계적 기업들은 소통과 공유를 최고의 가치로 생각하며, 일하는 공간 자체를 협업이 가능한 개방형 공간으로 혁신하고, 직원 간의 소통이 가능하도록 다양한 업무 시스템을 개선하였다.

세계의 많은 기업들이 '오픈 이노베이션'이라는 모델을 가지고 각 분야의 강점을 가진 다른 기업들과 서로 협업 관계를 유지하면서 경쟁력을 강화하고 있다. 예를 들어 구글은 스마트카 제작을 위해 스마트카 플랫폼인 '안드로이드 오토'를 만드는 과정에서 아우디, 벤츠, 현대, GM 등 세계 35개 사와 협력하고 있다. 프렌드(친구 · friend)와 에너미(적 · enemy)를 합친 '프레너미(frenemy)'란 말처럼, 이젠 경쟁 상대였던 에너미(enemy)가 언제든 필요에 의해 프렌드(friend)로 바뀔 수 있다.

협업 능력은 21세기 핵심 역량이다

협업을 할 수 있는 능력은 많은 교육자들이 주장하는 21세기 핵심 역량 중 하나이다. 21세기를 살아가기 위해 학습해야 할 것이 무엇인지를 연구하는 '21세기 스킬 파트너십 위원회'에서 제시한 협업과 관련된 구체적 능력은 다음과 같다.

- 다양한 팀과 효과적이면서도 서로 존중하는 가운데 협력할 수 있는 능력을 보인다.
- 공동의 목표 달성을 위해 필요한 사항에 타협하고 합의에 이를 수 있는 유연성과 의지를 보인다.
- 협동 작업에서 책임을 공유하고, 각 팀의 멤버가 기여한 부분에 대해 정당하게 가치를 인정해 준다.

그런데 안타깝게도 현재 우리 아이들은 앞으로 살아가는 데 정말 중요한 협업력을 키울 수 있는 기회를 많이 가지지 못한다. 취학 전까지는 형제나 친구들과의 놀이가 협업력을 배울 수 있는 좋은 기회이다. 그러나 3인 가족이 늘어나며 형제가 없는 경우가 많고, 친구들과 협업을 하면서 놀 수 있는 기회도 점점 줄어들고 있다. 취학 후에는 성적을 위해 서로 경쟁해야 하는 문화 때문에 협업의 가치를 깨닫고 협업력을 기를 수 있는 기회가 많지 않은 게 우리 교육의 현실이다.

《서울대에서는 누가 A⁺를 받는가》^(다산에듀 펴냄)에서 저자인 이혜정 박사가 지적한 대로, 우리나라 명문대 학생들은 제대로 된 협동을 할 줄 모른다. 팀 활동을 하면 적극적이고 책임감 강한 친구가 제대로 안 하는 친구, 못하는 친구 것까지 도맡아 한다. 그리고 그것이 리더십이라 생각한다.

많은 학생들이 팀으로 활동을 하고 팀별로 점수를 받는 것에 대해서 불편해하며 불만이 많다. 내가 대학에서 만나는 대학생들만 봐도 이런 현실에서 길러진 아이들이 얼마나 협업을 할 수 있는 준비가 안 되었는지 알 수 있다. 실제 일의 현장에서는 협업을 잘하는 인재가 필요한데 신입 사원들이 그런 능력을 갖추지 못해 회사에서는 대학 교육을 비난하고, 대학은 한 줄 세우기 식 공부를 시키는 중·고등 교육을 비난하고, 중·고등 교육 기관은 가정 교육을 비난하는 등 비난의 꼬리가 이어진다.

미래를 멀리 내다보는 현명한 부모는 사회나 학교가 내 아이에게 무언가를 해 줄 것이라고 기대하거나 무언가를 해 주지 못한다고 비난하기보다는 스스로 아이에게 해 줄 수 있는 방법들을 고민해야 한다. 미래에 더욱더 중요해지는 협업력! 아이의 취업뿐만 아니라 직장에서의 성공, 그리고 삶의 행복에까지 영향력을 발휘하는 협업력을 어떻게 키워 줄 수 있을지 다음 장에서 함께 고민해 보자.

0 2

다름을 도움으로
생각하라

다 름 은 불 편 함 이 아 니 라 도 움 이 다

"친구 서연이는 지원이와 성격이 다른데, 서연이의 어떤 점이 지원이
의 친구로서 장점일까?"

"와, 친구 지호는 지원이랑 참 다르다. 지원이는 신중한 게 장점이고,
지호는 새로운 도전을 잘하는 게 장점이네."

아이와 함께 아이의 친구들에 대해서 얘기할 때면 친구들의 '다름'과
그 다름의 '가치'에 대해서 의도적으로 생각해 보게 한다. 협업력, 더 나
아가 대인관계 능력의 기본은 '모든 사람들은 다 다르고, 그 다름이 가
치 있다.'는 것을 인정하는 마음을 갖는 데서 시작한다.

아이들은 아주 어릴 때부터 또래와 어울리면서 다름을 깨닫게 된다.
그 다름을 불편하게 생각하는 아이들은 다른 아이와 어울리는 것을 피
하고 혼자서 지내려 한다. 이런 아이들은 다름으로부터 간접 학습을 할

수 있는 기회를 잃게 되고, 타인에 대한 거부감만 커진다.

태도나 마인드는 그것을 만들게 하는 직·간접 데이터가 차곡차곡 쌓여서 만들어지고 단단해진다. 따라서 부모로서 아이가 다름에 대한 거부감을 갖지 않도록 도울 수 있는 방법은 아이들이 다름이 도움이 되는 경험을 가정에서든 친구 관계에서든 많이 할 수 있는 '장'을 마련해 주는 것이다. 어릴 때부터 '다름이 도움이 되는 경험'을 많이 해 보지 않은 아이들은 다른 사람들과 무엇을 한다는 것에 대해 귀찮고 쓸모없는 일이라는 태도를 갖게 된다. 반면 다름에 대한 긍정적인 경험을 많이 한 아이들은 다름에 대한 거부감이 낮고 다름을 긍정적으로 바라보는 시각을 가지게 된다.

다름이 도움이 되는 경험을 많이 만들어 주는 것보다 더 중요한 것은 부모의 태도와 말이다. 부모의 입장에서는 부담스러울 수 있지만 아이들은 부모가 다름을 보는 태도를 보면서 그것을 무의식적으로 내재화한다. 부모가 좋은 거울이자 좋은 코치가 되기 위해 가장 쉽게 할 수 있는 일은 다음과 같은 코칭 질문을 아이에게 던지는 것이다.

"달라서 뭐가 좋지?"

아주 간단한 이 질문을 던지기 위해서는 부모의 마인드가 바뀌어야 한다. 사실 어른들은 아이들보다 다름에 대한 참을성 혹은 다름에 대한 인정 정도가 낮다. 그래서 일상생활에서 어른들은 이런 말들을 많이 쓴다.

"우린 성격이 달라서 힘들어."

"그 사람이 나랑은 달라서 안 맞아."

"저 사람은 어떻게 저럴 수가 있지? 이해가 안 돼."

이런 말들을 가정에서 자주 듣고 자란 아이들은 다름이 도움이 되는 경험을 해 보기도 전에 '다름'이라는 단어 자체에 대해서 편견을 가지게 된다. "달라서 뭐가 힘들어?"라는 질문을 "달라서 뭐가 좋아?"라는 질문으로 바꾸어 보자. 단어 하나 바꾸는 것으로 시각의 전환을 할 수 있다.

"남편과 내가 성격이 달라서 뭐가 좋지?"

"나랑 아이랑 성격이 달라서 뭐가 좋지?"

"그 친구랑 나랑 달라서 뭐가 좋지?"

이렇게 질문을 바꾸면 의외로 도움이 되고 좋은 점들을 찾아내게 된다. 그런 경험을 하게 되면 비로소 아이에게도 이 코칭 질문을 던질 수 있다.

영화 〈인사이드 아웃〉에는 '기쁨, 슬픔, 버럭, 까칠, 소심'이라는 다섯 감정이 주인공 라일리가 새로운 환경에 적응하는 것을 돕는 내용이 나온다. 가출을 시도했던 라일리가 다시 집으로 돌아와 가족들과 화해하는 과정에서 슬픔이와 기쁨이가 함께 돕는 마지막 장면이 인상적이었다. 그 영화를 보고 나서 나는 아이와 이런 대화를 나누었다.

"슬픔이와 기쁨이가 마지막에 서로 힘을 모아 라일리를 도와주었네. 서로 다른 슬픔이와 기쁨이가 함께 도왔더니 어떻게 되었지?"

"라일리가 행복이라는 감정을 느꼈어요."

"정말 그렇네. 엄마 아빠 품에 안겨 우는 라일리의 마음은 슬픔과 기쁨이 합쳐져 행복해졌구나. 슬픔이도 기쁨이도 다 중요한 감정이네."

"행복한데 눈물이 왜 나는지 이제 이해가 돼요."

〈인사이드 아웃〉이 아니더라도 아이들 동화책이나 애니메이션, 그리고 아이들이 직접 겪는 일상에서는 이렇게 다름이 도움이 되는 일들이 많이 일어난다. 그런 일들을 무심코 흘려보내지 말고, 아이와 함께 그에 대한 이야기를 나누어라. 달라서 뭐가 좋은지에 대해서 계속 아이와 이야기를 나누고, 아이가 다름의 가치에 대해서 생각해 보도록 한다면 아이가 '다름이 도움이 된다'는 긍정적인 마인드를 가지게 될 것이다.

어 떻 게 하 면 함 께 더 잘 할 수 있 을 까 ?

두 번째 코칭 질문은 '서로 간의 다름을 어떻게 효과적으로 활용할 수 있을까?'에 대한 질문이다.

미래 사회의 키워드 중 하나는 다원화이다. 기술도, 지식도, 그리고 우리가 사는 사회도 다원화가 심화될 것이다. 다원화는 복잡성을 가져오기도 하지만 반면에 다양한 리소스를 가져온다. 그리고 이런 사회에서 빛을 발하는 인재는 다양한 리소스를 효과적으로 활용하는 인재가 될 것이다. 그런 인재로 아이를 키우고 싶다면 어릴 때부터 나의 강점과 다른 사람의 강점을 활용해서 시너지 내기 연습을 시켜야 한다. 또한 내가 부족한 부분에 대해서는 다른 사람에게 '요청'하는 습관을 키워 주는 것도 필요하다.

아이가 여섯 살 때, 시중에서 파는 호떡 믹스로 가족끼리 호떡 만들기를 한 적이 있었다. 호떡 만들기에 앞서 우리 가족은 역할 분담 시간을 가졌다. 호떡을 잘 굽기 위해서 각 작업별로 필요한 능력을 생각해 보고, 자신이 가장 잘할 수 있는 역할을 정했다.

1 반죽 준비하기

필요 능력: 설명서를 읽고 정확하게 재료의 양을 준비할 수 있다.

→ 꼼꼼한 성격의 아빠가

2 반죽 섞기

필요 능력: 손으로 하는 작업을 즐기며 반복 작업을 끈기 있게 한다.

→ 손으로 직접 해 보길 좋아하고 잘하는 지원이가

3 호떡 굽기

필요 능력: 요리에 익숙하고 불과 기름을 잘 다룬다.

→ 요리에 가장 익숙한 엄마가

이렇게 각자의 강점에 따라 역할을 정하고 호떡 만들기를 했고, 그 결과는 가족 모두에게 만족스러웠다. 이렇게 사소한 집안일이라 할지라도 부모나 형제자매들과 함께 어떻게 하면 우리가 가진 장점들을 활용해서 협력적인 일을 성공적으로 수행할 수 있을지 생각해 보고, 실천해 보는 연습은 아이에게 큰 자산이 된다.

나는 강의 과정에 팀 활동을 하게 되면 먼저 팀 안에서 자신의 '포부'와 '요청'을 이야기하는 시간을 갖도록 한다. 포부를 이야기할 때는 자신이 잘하는 강점에 대해서 이야기하면서 팀 활동에서 자신이 가진 이러이러한 강점을 잘 활용하겠다고 약속하게 한다. 예를 들어 '저의 강점은 사람의 이야기를 잘 들어 주고 공감해 주는 것입니다. 이 강점을 잘 발휘하여 팀원들의 이야기를 잘 들어 주고 언어적, 비언어적으로 공감을 많이 해 줄 것을 약속합니다.'라고 말하는 것이다. 요청을 이야기할 때는 자신의 부족한 점을 밝히고 그에 대한 도움을 요청하게 한다. '저는 생각하는 데 다른 사람보다 시간이 걸리는 편이니, 저에게 생각할 시간을 좀 주시면 좋겠습니다.'라고 말이다. 팀 활동을 다 하고 난 후에는 각 팀별로 팀원들이 가진 다양한 색깔이 어떻게 도움이 되었는지 이야기해 보는 시간을 가진다.

의도적인 협력의 훈련을 통해 서로 간의 다름을 효과적으로 활용할 수 있는 방법들을 서서히 배워 나가게 된다.

03

갈등 해결력을
키워라

다투면서 자라야 건강하다

아이들은 다투면서 자란다. 형이든 동생이든 아니면 친구와의 다툼
이든, 아이이기 때문에 잦은 다툼이 있을 수밖에 없다. 부모로서 그런
다툼을 지켜보는 일은 결코 즐거운 일이 아니다. 그래서 흔히 부모들은
다툼이 안 나도록 미리 상황을 통제시키거나 다툼이 나면 그 상황을 빨
리 벗어나게 만든다.

"왜 서로 싸우니? 서로 사과해!"
"그냥 네가 양보해!"
"친구끼리 싸우는 것은 좋지 않아!"

부모들은 흔히 무조건 친구와는 사이좋게 지내야 한다고 아이에게
얘기하는데, 자신을 돌아보도록 하자. 모든 사람과 갈등 없이 100% 평

화로운 관계를 유지하고 살아왔는가? 모든 사람과 사이좋게 지낸다는 것은 상당히 이상적이며 사실상 불가능한 일일지도 모른다. 그런데 우리는 그렇게 불가능한 일을 아이에게 강요하는 경우가 많다.

아이들이 살아가면서 '갈등'이란 것을 언제까지나 피해 갈 수는 없기 때문에 그것을 피하는 방법을 알려 주기보다는 그것을 해결하는 방법을 알려 주어야 한다. 싸우지 않는 것이 중요한 것이 아니라 왜 나와 상대 간의 갈등이 일어났는지를 생각해 보고, 해결책을 세우는 것이 더 중요하다. 그렇기에 다툼이 없게 아이를 키우는 것은 아이에게서 훌륭한 교육의 기회를 빼앗는 것이다.

나의 경험에 비추어 보아도 그렇고, 내가 만난 대학생들을 통해서 보아도 그렇고, 부모와 어릴 때부터 생길 수밖에 없는 의견 차이에 대해서 서로 얘기하고 '건강하게' 싸워 본 아이들이 부모와의 관계도 좋고 아이의 마음도 건강하다.

내가 대학에서 만난 학생들 중에는 순응 성향이 강한 아이들이 꽤 있었다. 자기가 원하는 것, 표현하고 싶은 것을 어릴 때부터 주변 사람들에게, 특히 부모님께 제대로 말하지 못하고 살아온 학생들이다. 자신이 '불화' 혹은 '갈등'을 만드는 장본인이 되기 싫어 어릴 적부터 그냥 다른 사람의 의견에 '마음은 내키지 않지만' 동조하는 척했던 아이들이다. 그렇기 때문에 그 아이들의 내부에는 상당한 분노가 쌓여 있으며 자기애가 낮다.

그런 아이들의 배후에는 엄격한 부모, 무서운 부모가 있다. '갈등' 자체를 허용하지 않는 부모들이다. 자신들도 '갈등'을 싫어하고 피하려고 했던 장본인들이다. 갈등이 있어도 이를 대화로 해결하기보다는 분노나 폭력으로 해결하는 아빠, 그리고 그것을 그냥 묵묵하게 참고 있는 엄마를 보며 살아온 아이는 갈등 조절의 힘을 키우지 못하고 두 가지 극단적인 방법, 즉 공격과 회피만을 배우게 된다. 그러면서 갈등이라는 것 자체에 대해 부정적인 시각을 가지게 되고 갈등이 생겨도 적극적으로 해결하려고 하지 않는다.

반면 어릴 때부터 부모에게 의사 표현을 했을 때 부모가 그것을 무시하거나 부정하지 않고 귀를 기울여 준 경우, 그리고 서로 간의 의견 차이를 조율하는 노력을 함께했던 경우, 아이들은 부모에게 자신의 의사를 표현하는 것을 두려워하지 않게 된다. 주변의 어른들, 특히 부모가 어떤 문제를 대화로 풀어 가고 합의해 가는 과정을 보고 자란 아이들은 갈등 자체에 대한 두려움이 크지 않고, 갈등이 생기더라도 그게 결국은 잘 해결될 것이라는 긍정적인 믿음을 가지게 된다.

이런 아이들은 부모와의 갈등 상황이 생겼을 때 그냥 피하거나 무시해 버리지 않고, 자신의 의견을 명확하게 표현하고 부모와 함께 문제를 해결해 나가려는 건강한 노력을 한다.

갈등이라는 학습의 장에 빠뜨려라

미디어를 통해 우리 사회의 여러 분야에서 수없이 많은 분쟁과 갈등,

싸움 등이 일어나고 있음을 보게 된다. 사회가 복잡해지고 다양해질수록 불가피한 일이다. 그래서 최근에는 '갈등 조정자'라는 직업에 대한 수요가 높아지고 있으며, 다양한 갈등 해결을 위한 교육들도 많아지고 있다. 앞으로 우리 아이들이 살 미래에는 사회 여러 분야에서의 갈등이 더 심해질 것이다. 그렇기에 어릴 때부터 '갈등'을 피해야 할 것으로 생각하는 것이 아니라 해결해야 할 것으로 간주하고 갈등 해결 능력을 키워 주어야 한다.

창의적 사고를 하는 데 있어서 '창의적 자기 효능감', 즉 자신이 창의적인 사고를 할 수 있다는 믿음이나 신념이 중요한 것처럼, 갈등 해결에 있어서도 '갈등 해결 자기 효능감'이 중요하다. '내가 이 갈등을 잘 해결할 수 있어!'라는 믿음이 있는 아이들은 갈등을 피해야 할 것이 아닌 도전해야 할 것으로 생각하게 된다.

갈등이란 비단 사람 간의 갈등만을 말하는 것이 아니다. 예상하지 못했던 장애물, 실수와 실패, 계획한 대로 되지 않음……, 이런 모든 것이 갈등이다. 갈등 해결 능력은 대인관계나 마음의 행복을 찾는 데뿐만 아니라 도전정신 및 회복탄력성을 기르는 데 필수적이다. 어떤 일을 해 나가는 데 있어서 실수나 실패가 필수 불가결함에도 불구하고 갈등 해결 능력이 없는 아이들은 조그만 실패나 갈등이 생겼을 때 쉽게 흔들리고 포기한다. 그런 아이들은 '갈등'의 조짐이 보이는 일에는 도전하지 않고, 또 한번 갈등을 겪었던 일은 회피하는 성향을 보인다.

반듯하게 잘 닦인 길로만 가서 넘어지는 일이 없도록 하고 싶은 게 부모의 마음이다. 그런데 그런 길만 가는 습관이 길러진 아이들은 조금이라도 장애물이 예상되는 길 앞에 서면 그냥 멈추어 버린다. 이런 아이들을 부추기는 것이 부모의 과도한 '결과 중심의 칭찬'이다. 부모가 결과에 대해서만 칭찬하는 경우, 아이들은 칭찬을 받을 만한 결과가 나오지 않을 경우에는 아예 시도를 하지 않게 된다. 아이가 뛰어들며 배우는 도전적이고 건강한 아이가 되기를 원한다면 결과와는 상관없이 무언가 새로운 것을 시도해 보거나 어떤 문제를 해결했을 때 그것을 축하하고 격려해 주어야 한다.

갈등은 그 자체로 나쁜 것이 아니라 좋은 것으로 나아가기 위해 거쳐야 할 관문이다. 좋아지고자 한다면 당연히 갈등을 거칠 수밖에 없다. 그게 인간관계든, 어떤 해결해야 할 큰 이슈든, 갈등은 뒤집어서 보면 성장을 위한 기회이고, 아주 훌륭한 학습의 장이다.

갈등에 대한 거부감이 없고, 갈등을 조화롭게 잘 해결해 가는 아이로 키우고 싶다면 부모가 먼저 '갈등'에 대한 시각을 바꾸어야 한다. 그리고 아이를 갈등이라는 학습의 장에 자주 빠트려 스스로 그 갈등을 해결하는 자생력을 키울 수 있도록 도와야 한다.

갈 등 해 결 력 을 키 우 는 ' 나 메 시 지 '

아이가 친구와의 관계든, 어떤 해결되지 않는 문제든 갈등을 겪고 있다면 그 갈등에 대해서 허심탄회하게 아이와 이야기하는 시간을 가져

라. 그리고 그 갈등이 기회임을 인식시키고 스스로 해결 방법을 찾을 수 있도록 코칭을 해 줘라. 다음은 아이와 갈등에 대한 이야기를 나눌 때 참고할 수 있는 대화 프로세스이다.

1단계	갈등 명료화하기	• 어떤 갈등인가? • 각자의 생각이 어떻게 다른가? • 이 갈등으로 서로 어떤 감정을 느끼고 있는가?
2단계	갈등이 해결된 후의 상황과 이익 생각해 보기	• 이 갈등이 해결되고 나면 어떻게 달라질까? • 무엇이 좋아질까? • 나에게는 어떤 이익이 있을까?
3단계	갈등의 주요 원인 분석해보기	• 왜 이 갈등이 생겼을까? • 언제부터 갈등이 생겼을까? • 어떤 오해나 불만이 있는가?
4단계	해결방안 모색 하기	• 갈등을 어떻게 해결하면 좋을까? • 어떤 방법이 가장 큰 상호 만족을 가져올까?
5단계	실천계획 세우기	• 각자 어떻게 노력해야 할까? • 계획이 잘 실천될 수 있기 위해 무엇이 필요할까?

대부분의 부모들이 어떤 문제에 대해 얘기할 때, '문제' 자체에 집중하는 경향이 있다. 그런데 문제 자체에 집중하게 되면 갈등에 대한 부정적인 시각이 강화되고, 회피하고 싶은 마음이 들게 된다. 그렇기 때문에 위의 대화 프로세스에서 제시하는 것처럼 갈등이 해결되고 난 후의

만족스러운 모습에 대해 먼저 생각해 보도록 하고, 해결 방법을 찾도록 하는 데 초점을 두고 갈등 해결 학습을 시킬 필요가 있다.

갈등 해결 학습과 관련해서 아이들에게 꼭 알려 주어야 할 것이 남들에게 건강하게 자신의 감정을 드러내는 것과 진실하게 사과하는 방법이다. 누군가에게 화가 났을 때 '너 메시지(you message)'가 아닌 '나 메시지(I message)'를 사용하는 방법을 어릴 때부터 익힐 수 있도록 해 주면 좋다.

'너 메시지'는 흔히 공격적이 되고 책임을 추궁하는 말이 되기 쉽다. 말의 초점이 행동이 아니라 사람에 맞추어지기 때문이다. 반대로 '나 메시지'는 행위자보다는 그 일이 어떤 영향을 미쳤는지에 초점을 두므로 방어적이 되거나 공격적이 되는 것을 막아 준다.

┌──────────────────┐
│ •ACTIUITY• │ **나 메시지 사용법 알려 주기**
└──────────────────┘

너 메시지	나 메시지
너 진짜 너무 시끄럽다.	네 소리가 너무 커서 내가 지금 집중하기가 힘들어.
너는 왜 맨날 끼어드니?	네가 끼어들어서 내가 기분이 좋지 않아.
왜 너만 좋은 장난감 가지려고 하니?	나도 그 장난감을 가지고 놀고 싶어.

누군가에게 화가 났을 때 상대에게 상처를 주거나 짜증 내지 않고 자신의 화를 드러내는 연습을 하게 되면 친구들과의 갈등을 줄여 나갈 수 있다. 아이에게 나 메시지를 쓰는 방법을 연습시키는 가장 좋은 방법은 부모가 아이와 대화를 할 때, 특히 갈등 상황에서 나 메시지를 쓰는 것이다. 아이를 추궁하거나 비난하기보다는 아이가 한 행동이 미친 영향과 그로 인해 부모가 어떻게 느끼는지에 초점을 맞추어 말하는 것을 보여 줌으로써 아이가 '나 메시지'를 모델링할 수 있다.

◆ACTIVITY◆ 사과하는 방법 가르쳐 주기

갈등 상황에서 아이에게 나 메시지를 사용하는 것과 함께 아이에게 알려 주면 좋은 것이 사과하는 방법이다. '사과'란 힘겨루기에서 지는 것이 아님을 알려 주어야 한다. 아이에게 억지로 사과를 시키는 경우가 많은데, 그런 경우 아이는 사과에 대해서 오히려 반감을 가지게 된다. 진실한 사과를 하기 위해서는 자신이 상대방에 대해 느끼는 감정, 상대방이 자신에게 느낄 감정을 정확하게 파악할 때까지 기다려 주는 것이 필요하다. 그리고 그 감정을 진실되게 전달하도록 도와주어라.

나 메시지와 마찬가지로 진실한 사과도 부모가 좋은 행동 양식을 보여 주는 것이 필요하다. 부모가 아이에게 불필요하게 화를 냈다거나, 아이를 오해했다거나, 아이에게 잘못했다면 부모가 먼저 아이에게 진실된 사과를 건네라.

"아까 너무 화를 내서 미안해. 아빠가 고함을 질러 네가 많이 무서웠을 것 같아. 앞으로는 소리를 지르지 않고 너에게 차근차근 설명을 할게."

"엄마, 아까 제가 많이 짜증을 내서 엄마가 속상했을 것 같아요. 이제 후회가 돼요. 미안해요."

갈등 상황에서 자신의 감정을 타인에게 오해 없이 드러내고, 필요한 경우 진실하게 사과하고, 갈등을 해결할 수 있는 방법을 모색하는 습관은 어릴 때부터 꼭 길러 주어야 할 갈등해결 습관이다.

미 래 는 미 들 맨 의 시 대 다

　야구에서는 선발 투수와 마무리 투수를 이어 주는 중간 계투 요원을 미들맨이라고 부른다. 미들맨은 말 그대로 누군가를 중개해 주는 사람이다.

　실리콘밸리를 근거지 삼아 오랜 기간 벤처 산업을 연구해 온 마리나 크라코프스키는 그의 저서 《미들맨의 시대》(더난출판사 펴냄)에서 오늘날 급부상한 '미들맨'의 정체와 성공전략을 소개하고 있다. 이 책에서의 미들맨은 '연결에서 가치를 창출하는 기업, 또는 비즈니스맨'을 일컫는다. 연세대 임춘성 교수는 《매개하라》(쌤앤파커스 펴냄)라는 저서에서 미들맨을 'Go-Between', 즉 누군가의 가운데서 매개인의 역할을 해 주는 사람으로 정의한다. 이 두 저서 모두 전 세계적으로 영향력을 발휘하고 있는 다양한 미들맨, 혹은 매개자와 그들의 성공전략을 소개하고 있다.

다음의 퀴즈를 풀어 보자.

매일경제 2016.06.24 〈불신의 시대… '믿을맨' 보단 '미들맨'〉

정답은 없음이다. 보기에 있는 직업들은 모두 우리에게 잘 알려진 미들맨이다.

미들맨이라는 개념을 비즈니스에 적용하면 '플랫폼'이다. 미들맨은 플랫폼을 만드는 주체라고도 할 수 있다. 플랫폼은 최근 가장 주목받고 있는 경영전략으로, 관련 그룹을 '장' 혹은 '플랫폼'에 모아 네트워크 효과를 창출하는 전략이다. 구인자와 구직자를 연결해 주는 링크드인(Linkedin), 사람들 간의 소통의 장을 마련해 주는 카카오톡(kakaotalk), 파는 사람과 사는 사람을 연결해 주는 아마존(Amazon)도 모두 플랫폼 비즈니스이다. 최근 화제인 '공유경제' 메커니즘도 플랫폼 전략에 해당한다.

'21세기의 부는 플랫폼에서 나온다'는 말이 있을 정도로 비즈니스에 있어서 플랫폼의 중요성은 커지고 있다. 이제는 '무엇을 생산할 것인가'보다 '무엇을 연결할 것인가', 혹은 '어떤 플랫폼을 만들 것인가'가 더 중요해지는 시대다.《플랫폼 전략》^(더숲 퍼냄)이라는 저서에서 소개된 플랫폼이 주목받는 4가지 이유를 살펴보자.

1 급속도로 발전하는 기술

2 고객 요구의 다양화

3 IT 발전으로 인한 네트워크 효과의 신속하면서도 광범위한 확대

4 디지털 컨버전스의 진화

미들맨과 플랫폼의 시대가 되는 이유는 사회가 점점 더 초연결시대, 즉 기술의 진화로 인한 네트워크의 효과가 확대되고 있기 때문이다. 이제 변화의 핵심은 '연결'이 되었고, 미들맨들은 '무엇을 할 것인가'가 아니라 '무엇을 연결할 것인가'를 고민한다. 앞으로 미래의 기회는 다양한 연결고리 안에서 '매개'에 있다고 해도 과언이 아니다. 앞으로 우리 사회는 뛰어난 리더보다 괜찮은 미들맨에 대한 요구가 더 많아질 것이다. 이제 리더십을 가르치기보다는 미들맨십을 가르쳐야 할 때다.

퍼실리테이션 역량이 필요하다

미들맨, 혹은 매개자는 결국 쌍방향 사이에 있는 문제를 해결해 주는 사람이다. 그리고 그들 간의 소통이나 거래를 원활하게 해 주는 사람이다. 회의를 할 때 미들맨의 역할을 하는 사람이 '퍼실리테이터'다. 퍼실

리테이터는 중립적인 입장에서 팀 혹은 그룹의 지적 상호작용 프로세스를 관장하여 상호작용을 통해 도출할 수 있는 최대의 성과를 낼 수 있도록 해 준다. 단순하게 진행을 하는 것이 아니라 상호작용을 촉진하고, 관계를 이어 주고, 갈등을 중재하고, 아이디어를 확산·수렴하도록 도와준다. 그런 의미에서 퍼실리테이터는 확실한 미들맨이다.

최근 조직의 문제를 해결하는 방법으로, 사회에서의 다양한 갈등을 중재하는 방법으로, 학습자 중심 협력 학습 방법에서의 교수법으로 퍼실리테이션이 많이 활용된다. 퍼실리테이션은 넓은 의미에서는 '집단의 상호작용을 촉진시켜 바람직하고 창조적인 성과를 끌어내는 행위'를 말하는데, 집단에 의한 문제 해결, 아이디어 창출, 합의 형성, 교육 등 여러 가지 활동에서 활용된다.

퍼실리테이션은 좀 더 빠르게, 그리고 상호합의적으로, 그리고 창의적으로 문제를 해결할 수 있다는 점에서 장점을 가진다. 퍼실리테이션의 도움으로 갈등을 겪고 있던 두 집단이 합의를 만들어 내기도 하고, 창의적인 아이디어를 발굴해서 신제품 개발이나 창업에 활용하기도 한다. 이렇게 사회적으로 수요가 높아지다 보니 퍼실리테이션과 관련된 교육이 많아지고 있으며 공부하는 사람도 많아지고 있다.

나 역시 교육에서의 퍼실리테이션 기술의 중요성을 깨닫고 자격증을 취득한 후 현재 교사 및 교수를 대상으로 퍼실리테이션 교육을 진행하고 있다. 실제로 다양한 상황에서 퍼실리테이션을 진행하다 보면 미들맨으로서 살짝 밀어주었을 뿐인데도 생각지도 못한 성과가 나는 경우를 많이 보게 된다. 그리고 참여한 사람들도 자신들이 스스로 그런 성과를 냈다는 것에 대해서 놀란다.

　미래 사회는 더 복잡해질 것이고, 사람들 간의 이해관계도 복잡해지고 사회적 갈등이 심해질 것이다. 그러다 보니 갈등을 중재해 줄 사람에 대한 요구가 높아질 것으로 예견된다. 협업에 대한 요구가 많아질 것이고, 협업을 하는 가운데 소통과 창의적 사고를 촉진할 수 있는 매개자가 더욱더 필요할 것이다. 회의를 하든, 교육을 하든, 일방적으로 진행하고 가르치는 사람이 아닌 과정을 중재하고, 사람들의 참여를 끌어낼 수 있는 매개자를 원할 것이다. 어떤 자리에서 어떤 일을 하든 퍼실리테이션 역량은 소중한 자산이 될 것이라 장담한다.

　우리 아이가 미래에 어떤 자리에서 일을 하든 미들맨의 역할을 성공적으로 수행하기를 원한다면 어릴 때부터 가족 회의를 통해 퍼실리테이션을 접할 수 있도록 하는 것이 좋다.

퍼실리테이션 DNA를 심어라

　아이를 멋진 팀플레이어로 키우고 싶다면 집안에서부터 팀플레이가 되도록 분위기를 만들어 주어야 한다. 이와 관련해서 내가 추천하는 방법은 '가족회의'다. 가족회의라고 하면 뭔가 어렵고 복잡한 일을 해결하기 위해 가족 구성원이 모여 끙끙 고민하는 모습이 떠오르는가? 내가 추천하는 가족회의는 그런 무거운 회의가 아니다.

무거운 주제가 아니더라도 가족 구성원들의 의견 수렴이 필요한 일에 대해 회의를 진행할 수 있다. 회의를 통해 아이가 배울 수 있는 것은 민주적인 의사결정 과정과 퍼실리테이션 기술이다.

⋅ACTIVITY⋅ **주말에 할 일 정하기**

내가 아이와 했던 첫 번째 회의는 '주말에 할 일 정하기'였다. 아이가 있는 집은 토요일 오전이 되면 '오늘은 뭐 하지?'라는 고민을 한다. 그리고 보통 자신이 하고 싶은 일이 강한 사람에 의해 결정이 내려지곤 한다. 그런데 가족들이 퍼실리테이션을 통해서 주말에 할 일 정하기 활동을 하면 이를 통해 아이는 자신의 의견을 제시하는 방법, 다양한 의견이 있을 때 이를 수렴하는 방법, 그리고 논의를 통해 합의점을 찾아내는 방법 등 협력에 필요한 다양한 기술을 배울 수 있게 된다. 내가 아이와 했던 방법은 매우 간단하다.

1 주말에 하고 싶은 일을 각자 세 가지씩 포스트잇에 아이디어를 적어 낸다.
2 상대방의 아이디어를 보고 맘에 드는 정도를 별 스티커로 표시한다.
　(가장 마음에 드는 것은 별 3개, 가장 마음에 들지 않는 것은 별 1개)
3 가장 스티커를 많이 받은 아이디어 세 가지를 고른다.
4 '주말에 할 일'을 결정할 때 가장 중요하게 고려할 기준을 논의한다.
　ex) 돈이 많이 들지 않는 일, 다 같이 즐길 수 있는 일 등
5 가장 높은 점수를 받은 아이디어 중에서 Best를 선정한다.

이렇게 각자 의견을 내고, 다른 사람의 의견에 대한 피드백을 제시하고, 어떤 기준에 의해서 최종적으로 의견을 수렴하면 모든 사람이 만족할 수 있는 일을 정할 수 있게 되고, 이런 의사 결정 과정에 익숙해진다.

⟨•ACTIUITY•⟩ 가족에게 바라는 점 말하기

우리 집은 매년 12월 31일이면 가족회의를 한다. 서로에게 바라는 점을 얘기하고 내년 계획을 함께 세워 보는 행사이다. 각자 다른 가족에게 바라는 점을 포스트잇에 쓴 뒤 그 이유를 설명하고, 그 바람을 받은 가족은 다시 그 바라는 점을 실천하기 위해 상대에게 부탁하고 싶은 점을 말한다. 이렇게 서로 원하는 것에 대한 의견을 제시하고, 그 의견을 조율하면서 최종적으로 각자의 다짐을 만들어 간다.

이런 회의 문화에 익숙해진 아이는 학교에서 다른 친구들과 의견을 조율하거나 회의를 할 때, 또는 팀 프로젝트를 할 때 퍼실리테이터로서의 역할을 성공적으로 수행할 수 있게 된다. 아주 작은 실천이지만 집안에서 가족회의 문화를 정착하고, 아이들을 회의에 참여시키는 것은 아이에게 미래의 미들맨이 될 수 있는 DNA를 심어주는 중요한 활동이 된다.

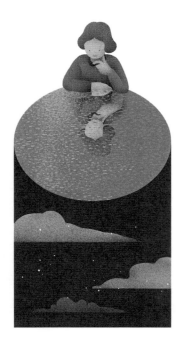

평생배움력:
배움을 지속 가능하게 하라

> **"**인공지능 시대의 진짜 위험은 '강한 인공지능'의 등장으로
> 인류가 멸망하는가의 문제보다 기계는 쉼 없이 배우는데
> 사람이 학습을 안 하거나 포기하는 현상이다.**"**

우리 아이들은 지식의 반감기가 가속화되는 시대, 빠른 변화가 일어나는 시대, 평균 수명
이 100세인 시대에 살게 될 것이다. 이런 시대에 적응하기 위해서는 변화 민첩성을 갖추
고, 끊임없이 자신을 계발하고, 새롭게 발생하는 문제들을 해결하기 위해 평생 배움을 곁에
두어야 한다. 아이의 평생배움력을 키워 주려면 공부를 잘하는 아이가 아닌 배움을 잘하는
아이로 키워라. 몰입의 경험을 통해 배움의 즐거움을 느끼도록 해 주고, 책 읽기를 평생 성
장의 친구로 삼을 수 있도록 해 주어야 한다. 이렇게 자란 아이들은 배움에 대한 지속적인
호기심을 갖고, 배움에 대한 자신만의 시스템을 만들어 나갈 수 있게 된다.

01

평생 배워야 하는
시대가 왔다

지 식 의 수 명 이 짧 아 진 다

'Obsolete Knowledge : 무용 지식'

미래학자 앨빈 토플러가 그의 저서 《부의 미래》^(청림출판 펴냄)에서 소개
한 개념이다. 토플러는 모든 지식에는 한정된 수명이 있는데 '유용한 지
식'이 '무용 지식(낡은 지식)'으로 바뀌는 속도가 갈수록 빨라지고 있다
고 말한다. 그리고 끊임없이 자신이 보유한 지식을 업데이트할 수 있는
자만이 부의 미래를 누릴 수 있음을 강조한다.

우리는 이렇게 유용 지식이 무용 지식으로 바뀌는 속도가 가속화되
는 시대에 살고 있으며, 우리의 아이들은 그 속도가 더 가속화되는 시
대에 살게 될 것이다. 이와 관련해서 '지식 반감기'라는 말이 있다. '반
감기'란 방사성 동위원소 덩어리가 방사성 붕괴에 의해 원소의 원자 수
가 원래 수의 반으로 줄어드는 데 걸리는 시간이다. '지식 반감기'란 하

버드 대학의 새뮤얼 아브스만 박사가 자신의 저서 《지식의 반감기》(책 읽는수요일 펴냄)에서 소개한 개념으로, 우리가 알고 있는 지식의 절반이 틀린 것으로 드러나는 데 걸리는 시간을 말한다. 그의 연구 결과에 따르면 물리학은 반감기가 13.07년, 경제학은 9.38년, 수학은 9.17년, 심리학은 7.15년, 역사학은 7.13년, 종교학은 8.76년으로 나타났다. 응용 지식의 경우에는 반감기가 이보다 훨씬 짧다.

국민 평균수명은 이미 80세를 넘어섰고 평균수명 100세 시대도 머지 않았다. 이제 평생직장이라는 말도 사라진 지 오래다. 우리 아이들은 한 전공에서, 한 직장에서 한 우물 파기가 어렵게 되었고, 일이나 상황에 따라 삶을 변화시켜 시대를 맞을 준비를 해 나가야 한다. 100세 시대에는 새로운 직업을 찾고, 다양한 분야의 일을 하고, 지속적인 자기 계발을 하고, 은퇴 후 제2의 인생 설계를 하기 위해 계속 배워야 한다. 그리고 배운 지식을 계속 업데이트 해 나가야 한다. 지속으로 배워 나갈 수 있는 역량, 즉 평생배움력이 중요해진 것이다.

물론 과거에도 배움력이 중요했다. 실제 성공한 인물들의 삶을 들여다보면 그들의 삶은 언제나 책을 통한 배움, 사람을 통한 배움, 경험을 통한 배움 등으로 가득 차 있다. 정치인, 기업인, 경영자, 연예인, 문화예술인 등의 상당수가 방송대나 사이버대, 학점은행제 등으로 평생학습을 실천하고 있다는 기사를 읽은 적 있다. 과거에는 '스펙' 쌓기를 위한 평생교육이 좀 더 많았다면, 최근에는 실용 지식, 혹은 실무 지식을 쌓기 위한 평생교육이 더 많아지고 있다. 나의 경우만 해도 미국에서 박사 학위를 받은 뒤 한국 대학에서 강의를 하면서도 코칭, 상담, 퍼실리테이션 등의 교육을 받고 자격증을 취득하였다. 지금 내가 하는 교육 관련 일을 더 잘하는 데 이러한 교육과 자격이 필요하다고 판단했기 때문이다. 나는 지금도 나의 시간과 급여의 일부를 평생 배움에 투자하고 있다.

배움, 학교 교육의 울타리에서 벗어나다

계속 무언가를 배우러 다니고, 나의 전공분야가 아닌 다른 분야의 책을 읽고 경험을 쌓는 나를 보며 사람들은 가끔 "아니, 교수도 아직 더 배울 게 있어요?"라고 농담을 던진다. 이에 대한 나의 대답은 한결같다.

"그럼요, 학교 교육이 끝나면서 비로소 진정한 배움의 여정이 시작되지요. 너무 배울 게 많아서 탈입니다."

실제로 우리는 무언가를 학습한다고 하면 학교 교육의 울타리 안에서 보는 경향이 있는데, 보다 넓은 시각으로 접근해야 한다. 이제는 학교 교육이 끝이 아니다. 일정기간 동안 형식 교육의 형태로 받은 학교 교육만으로는 생애 주기별로 만나는 과제들을 해결하는 데 필요한 지식과 기술을 얻거나 급변하는 사회 변화에 적응하기 어렵다.

아이를 키우는 동안 부모의 시각은 학교 교육의 울타리에 갇혀 있기 쉽다. 그러나 아이의 미래를 좀 더 장기적인 관점에서 바라보는 현명한 부모라면 아이의 평생배움력에 관심을 두어야 한다.

학교 공부를 잘한다고 해서 반드시 성공적인 평생학습자가 되는 것은 아니다. 학교 교육 안에서 '해야 하는 공부', '가시적인 보상이나 외부적인 인정'이 수반되는 공부에 익숙해져 있는 아이들 중에는 평생학습에 꼭 필요한 '성장 동기'가 부족한 아이들이 많다. 이러한 아이들은 자신의 학습을 보이지 않는 '미래 가치'와 연결하지 못하고, 학습의 의미를 '보여지는 것'에서만 찾으려고 한다. 점수, 상장, 인정……. 이러한 외적 가치에 자신의 공부를 맡겨 온 아이들은 그런 것들이 사라진 이후에는 동기를 얻지 못해 방황하게 된다.

'성장 동기'란 지속적인 배움을 통해 자신을 지속적으로 개발하고 자신이 직면한 문제에 대한 해결방안을 찾아 나가려는 의지와 힘을 말한다. 이러한 성장 동기가 충만한 아이들은 배움에 대해 끊임없는 관심을 가지고 있다. 배운 것을 통한 성찰 및 실천을 통해 한 단계 성장한 자신을 발견하는 데 즐거움을 느끼고, 그 즐거움이 다시 새로운 배움에 대한 동력이 되는 것이다.

0 2
공부력이 아닌 배움력을 갖추게 하라

공 부 는 잘 하 지 만 배 우 지 는 못 하 는 아 이 들

"공부 좀 해라!"

아마도 아이들이 부모로부터 가장 자주 듣는 말 중의 하나일 것이다. '공부(study)'란 말은 일반적으로 학교에서 일어나는 단기적 목표를 달성하기 위한 활동이다. 시험공부, 영어 공부, 자격증 공부, 대학원 공부 등 공부라는 행위는 어떤 스펙을 쌓거나 외부적인 성공을 얻기 위한 활동에 국한된다.

이러한 맹목적이고 단편적인 지식 습득형 학습 활동과 구분되는 개념이 '배움(learning)'이다. 러닝은 '문제 의식, 새로운 지식과 경험, 그리고 적용'이라는 세 단계를 거치면서 숙성이 되는 총체적 지적 행위이다. 김현정 교수는 자신의 저서 《러닝》(더숲 펴냄)에서 러닝을 이렇게 정의한다.

"러닝이란 스스로가 현 상태에 문제의식을 가지고 새로운 지식이나 경험을 습득한 후, 그를 통해 깨달은 바를 미래의 행동에 적용시키는 것까지를 말한다."

김현정 교수는 이 총체적 지식 행위가 제대로 이루어지기 위해 '메타인지, 시스템적 사고, 그리고 시간의 연속성'이 필요하다고 말한다. 평생배움력은 이러한 러닝에 기초한다고 할 수 있다.

심리학에서 얘기하는 '메타인지(Metacognition)'란 '사고에 대한 사고'를 의미하는데, 한마디로 자신이 무엇을 알고 무엇을 모르는지를 인식하고 이를 모니터링하는 것이다. 실제로 러닝은 메타인지에서 시작이 된다. 아이들이 학습을 하면서 좌절하는 가장 흔한 이유가 자신의 학습과정을 모니터링하는 메타인지가 부족해서 학습의 적절한 시작점을 찾지 못하기 때문이다. 자신이 아는 것과 모르는 것을 인식해서 현재 위치에 대한 정확한 좌표를 찾아야 제대로 된 러닝을 시작할 수 있다. 자신이 모르는 지점을 찾는 문제의식이 첫 단계이며, 이러한 문제의식을 바탕으로 필요한 지식과 경험을 배워 나가야 한다.

러닝에는 시스템적 사고와 실행 과정이 필요하다. 김현정 교수에 따르면 '시스템적 사고'는 자신이 무엇 때문에 공부를 하려는지, 공부의 목표를 깨닫는 것이 시작이다. 목표를 깨달았으면 그 목표에 도달하기 위한 자신만의 시스템을 만들어서 작동시켜 보는 시스템적 과정이 수반되어야 한다. 이 과정에서 중요한 것이 실행이다. 김현정 교수는 실행을 '시간의 연속성'이라 설명하는데, 이는 과거와 현재에서 깨달은 것을 바탕으로 미래에 행동으로 옮겨 보는 것이다. 배운 것에서 끝나는 것이 아니라 실험해 보고 적용해 보고 새로운 행동으로 만들어 보는 것이 반드시 수반되어야 한다.

단편적이고, 선형적인 공부의 과정과 달리 배움의 과정은 복잡하며 비선형적이다. 따라서 인내와 끈기가 필요하다. 《배움력》^(북포스 펴냄)의 저자인 지식전략연구소 민도식 대표는 '물이 끓어 액체에서 기체로 성질이 완전히 바뀌기 위해서는 100도라는 임계점을 넘어야 하는 것처럼, 공부라는 것도 일정 시간을 투자하고 집중하여 임계점을 넘을 수 있어야 한다.'고 말한다. '임계점'이란 '어떤 물질의 성질이 바뀔 때 충족되어야 하는 기준 혹은 척도'를 말한다. 효과적인 배움을 위해서는 문제의식, 새로운 지식과 경험, 그리고 적용이라는 과정을 통해 임계점을 넘을 수 있어야 한다.

의 미 없 는 배 움 이 넘 처 나 는 시 대

철학자인 한병철 교수가 그의 저서 《피로사회》^(문학과지성사 펴냄)에서 지적하듯, 우리는 성공하거나 더 열심히 살기 위해 자기 착취를 하는 피로사회에 살고 있다. '샐러던트(Saladent)'란 말이 생겨날 정도로, 공부하는 회사원들도 많이 늘고 있다. 짧은 점심시간을 이용해서 점심을 제공해 주는 학원에서 제2외국어를 배우는가 하면, 회사가 끝나자마자 바로 학원으로 달려가는 샐러리맨도 다수다. 그런데 그런 샐러리맨들 중에서는 '강박'에 의해 학생이 된 경우가 많다. 그냥 가만히 있는 것이 불안해서, 아무것도 안 하면 뒤처질 것 같아서, 무엇이라도 배워 보자 싶어 학원에 다니는 것이다.

"쯧쯧, 헛배웠네."라는 말은 무심코 자주 쓰는 표현이다. '헛배웠다'는 것은 어떤 의미인가? 배우긴 배웠는데 제대로 못 배웠다는 것이다. 내가 만나는 대학생들 중에서도 의미 없는 학습에 매달리는 '헛똑똑이'들이 있다. 학습에 의미가 없다는 것은 세 가지, 즉 배움과 목적, 성과가 빠져 있다는 것이다. 배움이 없다는 것은 남는 것이 없다는 의미이다. 시험 점수를 높이기 위해 달달 외우면서 공부한 경우, 시험이 끝나고 나면 외웠던 지식이 곧 연기처럼 사라져 버리곤 한다. 목적이 없이 배우는 경우, 정말 헛똑똑이가 되기 쉽다. 남들이 하니까 학원에 등록하고, 자격증을 따고, 대학원에 진학하고, 배워서 뭘 하고 싶은지에 대한 이유도 모른 채 그냥 무언가를 하고 있다는 자기 위안을 삼기 위해 열심히 달리는 이들이다.

가장 안타까운 부류가 성과가 나지 않는 배움을 좇는 헛똑똑이들이다. 똑같이 배웠는데 어떤 아이들은 성과를 내고 어떤 아이들은 성과를 내지 못한다. 1년에 100권의 책을 읽어도 읽는 데서 끝나는 사람이 있는가 하면, 읽은 책을 바탕으로 강의를 준비하고, 책을 쓰는 사람이 있는 것처럼 말이다.

나 스스로 배움에 대한 관심이 많다 보니, 잘 배우는 사람과 잘 배우지 못하는 사람이 어떻게 다른지 궁금해져서 일종의 분석을 하였다. 주변의 사람들과 수업을 통해 만나는 학생들을 관찰하면서 잘 배우는 사람들의 특성을 분석한 건데, 잘 배우는 사람들의 DNA는 다음과 같다.

1 배움에 대한 분명한 목적이 있다. 한마디로 왜 배우는지를 안다.
2 어떻게 해야 배울 수 있는지를 안다. 스스로 배움의 소스를 찾고, 배움 과정을 관리하고 평가한다.
3 배운 것을 활용한다. 배운 것을 직접 실험을 통해 적용하면서 배움을 재구성하여 자기의 것으로 만든다.

배우는 능력은 후천적이다. 잘 배우는 사람들은 그 후천적인 능력을 잘 개발한 사람들이다. 이 능력을 개발하는 데는 시간이 걸리기 마련이므로, 어릴 때부터 배움력을 길러 주는 것이 좋다. 아이의 배움력을 높여주고 싶다면, 부모는 다음과 같은 오해나 편견을 버려야 한다.

첫째, 지식을 배우는 것만이 배움이라는 생각을 버려야 한다.
지식은 배움에 있어 아주 작은 일부에 불과하다. 배움은 지식뿐만 아니라 태도와 기술을 모두 포함한다. 실제로 무언가를 배울 때 지식, 기술, 태도를 통합적으로 배워야 배움의 깊이가 깊어진다.

둘째, 똑똑해야 잘 배운다는 생각을 버려야 한다.

배움력은 우리가 생각하는 지능과 관련이 없다. 배움력은 논리력보다 창의력이나 실용적 지식 활용 능력을 더 필요로 한다. 똑똑하기만 한 사람은 학습은 잘하지만 배움은 못하는 경우가 많다.

마지막으로 배움은 특정 사람에게만 필요한 것이 아니다.

배움은 삶의 도구이다. 우리가 살아가는 한 이 도구는 평생 필요하다. 그러므로 특정 사람만이 배워야 하는 것이 아니라 아이도, 그리고 부모도 배워야 한다. 이제 평생 배우는 것은 선택이 아니라 필수다.

위의 세 가지 편견을 버렸다면 이제 본격적으로 우리 아이의 평생배움력을 어떻게 키워 줄 수 있는지 살펴보자.

03
배움력은
호기심과 몰입에서
자란다

학 습 된 호 기 심 무 기 력 증 이 문 제 의 원 인 이 다

모든 아이들은 호기심 덩어리다. 유치원 때까지만 해도 보이는 모든 것이 궁금하고, 만져 보고 싶고, 직접 해 보고 싶어서 쉴 새 없이 움직이며 탐색한다. 그러다 학교라는 제도에 들어가면서 점차 '정답'이라는 틀 안에 사고가 고정되고, 질문에 대한 주변 사람들의 반응을 살피게 되면서 자연스레 호기심의 호르몬이 줄어들게 된다.

EBS 다큐멘터리 〈우리는 왜 대학에 가는가? - 말문을 터라〉 편은 질문에 인색한 우리 교육의 현실을 꼬집는다. 이 다큐멘터리는 2010년 오바마 미국 대통령이 내한해 연 기자회견에서 한국 기자들 중 한 사람도 질문을 하지 못했던 사건을 계기로, 왜 우리는 질문을 못 하게 교육받아 왔는지를 파헤친다.

중학생들에게 선생님들께 가장 많이 듣는 말을 적어 보라고 했더니 '조용히 해!'가 가장 많았다. 대학생들의 경우에는 '눈치가 보여서',

'수업에 방해가 될까 봐' 질문을 안 한다는 말이 많았다. 다 같이 질문을 안 하는 문화, 질문하면 이상하게 취급받는 문화가 배움에 대한 호기심을 계속 갉아먹고, 그래서 결국 학습된 '호기심 무기력증'이 생기는 것이다.

긍정 심리학자인 마틴 셀리그만은 '학습된 무기력' 분야의 권위자이다. 그는 동물을 대상으로 한 일련의 자극 인센티브 실험을 통해 피실험대상인 개를 '학습된 무기력'에 빠뜨릴 수 있음을 발견했다. 이 실험에서 그는 개에게 특정 주파수의 소리를 들려준 다음 전기 자극을 가하는 행위를 반복했다. 피실험대상인 개는 처음에는 소리가 들릴 때마다 자극을 피하려는 시도를 했으나 여러 번의 시도에도 전기 자극을 피할 수 없자 나중에는 자극을 피하려는 시도조차 하지 않았다. 이 실험은 어떤 개체가 부정적인 환경에 지속적으로 노출될 경우 '학습된 무기력'에 빠질 수 있다는 것을 보여 준다.

주변을 관찰하면서 스스로 궁금증을 가져 보고, 질문을 생각해 보는 것들이 의도적, 혹은 비의도적으로 차단되는 시스템에 익숙해지다 보니 요즘 아이들은 '호기심 무기력증'을 갖게 되었다. 그러다 보니 공부를 하면서, 혹은 일상생활에서 특별히 흥미로운 게 없다. 자신의 궁금증이나 흥미를 채우는 공부가 아닌 시키는 대로, 필요한 지식을 머릿속에 집어넣는 공부에 익숙해지다 보니 공부의 즐거움을 느끼지 못하게 된 것이다.

강의를 통해 만나는 대학생들에게 "너를 흥미롭게 하는 게 뭐니?"라고 물어보면 바로 대답하는 학생들이 많지 않다. 대부분 "그런 거 생각 안 해 본 지 오래되었는데요.", 아니면 "글쎄요, 잘 모르겠는데요."라고 대답할 뿐이다.

학습하고자 하는 마음, 즉 학습동기가 유발되려면 일단 '관심(attention)'이 일어나야 한다. 그 관심을 촉진하는 것이 바로 호기심인데, 학습된 호기심 무기력증 때문인지 요즘은 스스로 즐겁게 학습을 하는 학생들을 찾아보기가 힘들다.

호 기 심 을   유 지 시 켜 라

국제성인역량조사(PIAAC · Program for the International Assessment of Adult Competencies)는 경제협력개발기구(OECD)에 가입 중인 24개 참가국의 성인(16~65세, 약 15만 7천여 명)을 대상으로 각국 성인의 언어능력, 수리력, 문제해결력 등을 5년에 한 번씩 조사하여 그 결과를 발표하고 있다.

3년에 한 번씩 OECD 국가의 만 16세를 대상으로 시행하는 국제학업성취도조사(PISA · Program for International Student Assessment)에서 한국의 10대는 최고 수준의 성취를 기록하지만, 국제성인역량조사 결과에 따르면 20대 초반부터 문해력이 급속히 하락하는 특이한 학습곡선을 보인다.

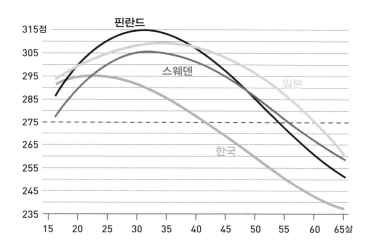

문해력과 연령대의 상관관계
자료: OECD 성인역량조사(PIAAC)

지식 반감기가 계속 짧아지는 시대에서 평생 학습자, 즉 계속 배우는 자로 살아남기 위해서는 배움에 대한 호기심을 계속해서 유지해야 하는데, 우리나라는 10대에만 집중적으로 학습이 이루어지고 있는 것이다. 구본권 사람과디지털연구소장은 한 사설에서 이런 우려를 표했다.

"인공지능 시대의 진짜 위험은 '강한 인공지능'의 등장으로 인류가 멸망하는가의 문제보다 기계는 쉼 없이 배우는데 사람이 학습을 안 하거나 포기하는 현상이다."

지식기반 사회, 정보화 사회가 되면서 지식은 언제 어디서나 쉽게 찾을 수 있는 대상이 되었다. 그러나 이로 인해 배움에 대한 호기심이 줄어드는 것에 대한 우려의 목소리가 일고 있다. 특히 우리나라처럼 10대에만 학습력이 높고 실제 가장 학문적 탐구가 활발해야 할 20대에 호기심이 꺾인다면 평생 옆에 두고 가야 할 배움과 어떻게 동반할 수 있을까?

배움에 대한 호기심이 꺾이는 가장 큰 이유는 물론 입시라는 제도이지만, 그만큼 큰 원인은 어떤 활동이든 학습과 연결하는 부모와 교사들의 태도이다. 아이로 하여금 목적이 있는 공부만을 하게 하는 것이다.

호기심 발휘는 비형식적 학습, 특히 어릴 때는 자연스러운 놀이에서 많이 일어난다. 그런데 이해를 위해 책을 읽고, 보고서를 쓰기 위해 체험학습을 하고, 대회 성적을 위해 음악과 미술을 배우는 문화 속에서 자라는 아이들은 배우는 것의 즐거움을 느끼지 못한다. 호기심은 다양한 지적 자극을 경험할 수 있는 자연스러운 환경에서 일어나는데 이러한 자극이 아예 차단되는 셈이다.

몰입의 경험이 필요하다

"공부가 재미있다."라는 문장에서 '재미있다'에 해당하는 적절한 영어 단어를 골라 본다면 무엇일까?

(1) fun   (2) entertaining   (3) interesting   (4) engaging

흔히 (1) fun이나 (3) interesting이란 단어를 떠올리지만 내가 생각하는 정답은 (4) engaging이다. '재미있고 즐겁다'는 의미를 가진 처음 세 단어는 학습자 입장에서 수동적인 의미이다. 콘텐츠가 재미있거나 방법이 재미있어 공부가 재미있는 것이다. 그런데 마지막 'engaging(참여하는, 몰입하는)'이라는 단어는 능동적이다. 학습자인 내가 학습에 적극적으로 관심을 가지고 참여한다는 의미를 가지고 있다.

개인적으로 좋아하는 격언 중에 '소화기를 팔고 싶다면 불을 질러라'라는 말이 있다. 소화기의 성능이 좋다고 홍보를 한다고, 혹은 소화기를 미리 비치해 놓는 것이 중요하다고 안내를 한다고 소화기를 사는 사람은 별로 없을 것이다. 그런데 바로 눈앞에서 불이 난다면 그걸 끄기 위해서 백만금을 주고라도 소화기를 살 것이다.

아이의 평생배움력을 키워 주고 싶다면 먼저 마음에 불을 지펴야 한다. 부모는 소화기를 사 주는 것이 아니라 배움에 대한 불을 지피도록 도와야 한다. 배움에 대한 불 지피기를 위해서는 어릴 때부터 무언가에 몰입해 보는 경험을 하는 것이 중요하다. 그런데 그것이 꼭 학습과 관련된 몰입일 필요는 없다. 한번 마음에 불 지피기를 해 본 사람은 다음에 어떤 일을 하든 다시 마음에 불 지피기를 할 수 있기 때문이다.

수년간 학사경고생들을 코칭하면서 이러한 나의 신념에 대해 강한 확신을 가지게 되었다. 학사경고를 받는 이유는 매우 다양한데, 그중에서 일부는 공부가 아닌 다른 활동에 푹 빠져 공부에 아예 신경을 안 쓴

케이스이다. 그 다른 활동에는 게임, 동아리 활동, 연애, 돈 벌기 등이 포함된다. 이렇게 무언가에 몰입하는 시간을 보내고 나름대로 그 안에서 의미를 찾은 학생들은 그냥 어영부영 시간을 보내다 학사경고를 받은 학생들보다 훨씬 더 빠르게 회복한다. 자신의 몰입 근육을 학습에 발휘하기 시작하면 학업에서도 놀라울 정도로 좋은 성과를 낸다.

심지어 게임중독에 걸려 게임을 하느라 학교도 안 나오고 밤새 게임만 했던 학생의 경우도 "네 공부를 게임이라 생각하고 해 봐. 단계도 정하고, 보상도 주고 하면서 말이야."라고 코칭하자 학업 성과가 몰라보게 좋아졌을 정도다.

내 아이의 경우도, 앞서 말했듯 다섯 살부터 프로 야구에 몰입하고 있다. 야구 시즌에는 매일 야구 경기를 보고, 인터넷으로 다시 재방송을 찾아 보고, 야구와 관련된 책만 읽고, 심지어 피아노도 야구 응원가만 쳤다. 주말이면 아들과 야구를 하고, 야구 경기를 관람하러 다니느라 바빴다. 그래도 나는 몰입 경험의 중요성을 알기 때문에 별로 걱정하지 않는다. 그 몰입을 통해 배움에 대한 호기심을 얻고 있고, 그 호기심을 가지고 스스로 배움을 해 가고 있는 모습이 보이기 때문이다.

'몰입(flow)'이란 개념을 창시한 미하이 칙센트미하이 교수에 따르면 어떤 일에 완전히 몰입한 심리적 상태가 되려면 일의 난이도와 자신의 능력이 적절한 접점에서 만나야 한다. 내가 가진 능력보다 해당 문제가 너무 쉬우면 따분함을 느끼고, 반대로 너무 어려우면 불안해진다. 밀고 당기는 적절한 긴장이 있을 때 재미를 느끼고 몰입이 일어난다.

이러한 몰입 조건을 바탕으로 내가 야구에 빠진 아이에게 해 주는 것은 난이도와 능력 사이의 적절한 접점 안에 있도록 하는 것이다. 필요한 정보를 알려 주고, 자극과 경험을 만들어 주고, 호기심을 자극할 질문도 던지면서 말이다. 아이가 어떤 일에 몰입이 되는 상태가 아이의 배움을 촉진할 수 있는 가장 최상의 상태이다.

나는 이를 'Teachable Moment'라고 한다. 아이의 호기심과 몰입력이 가장 높은 순간이기 때문에, 배움의 확장을 위한 가르침이 가장 효과 있는 시간이다. 억지로 공부하라고 아이를 떠밀기보다는 관심이 있는 영역을 찾아 몰입할 수 있게 해 주고, 필요한 경우 적절한 자극을 제공하고 몰입에 동행하라. 그것이 아이의 평생배움력을 위해 부모가 해 줄 수 있는 현명한 방법이다.

•ＡＣＴＩＵＩＴＹ• **Teachable moment를 활용하여 지식 확장하기**

아이가 어떤 분야에 몰입하고 있다면, 그 분야와 관련된 분야까지 관심사를 확장해 나갈 수 있도록 부모가 살짝 넛지(nudge) 해 줄 필요가 있다. 넛지란 '팔꿈치로 슬쩍 찌르다'란 뜻인데, 카스 선스타인과 리처드 탈러는 《넛지-똑똑한 선택을 이끄는 힘》^(리더스북 펴냄)에서 이 용어를 '슬쩍만 찔러 남의 행동을 변화시킨다'의 의미로 소개한다.

이들이 말하는 넛지란 '자유주의적 개입주의'로 사람들을 바람직한 방향으로 부드럽게 유도하되, 선택의 자유는 여전히 개인에게 남겨 두는 것이다. 이 책에서 소개하는 넛지의 예는 학교 급식에서 몸에 좋은 과일을 눈에 잘 띄는 위치에 놓는 것이었다. 그러면 아이들은 과일을 우선 선택하게 된다.

아이가 어떤 일에 몰입해 있을 때 확장 학습이 가능한 'Teachable Moment'로 만들기 위해서는 부모가 이런 넛지를 잘할 수 있어야 한다. 억지로 가르치지 않되 배우고 싶은 마음이 들도록 살짝 밀어 주는 것이다. 예를 들어 나의 경우 아이가 야구에 빠져 있을 때 이 관심을 수학 (확률 계산), 언어(해설, 인터뷰), 과학(포물선, 마찰), 사회(야구 역사, 나라별 차이) 영역으로 확장시키도록 넛지를 해 주었다. 야구 해설가의 해설 및 야구 선수의 인터뷰를 따라 하는 아이를 보고 '이때다'라는 생각이 들어 나는 리포터, 아이는 야구 해설가가 되는 가상 인터뷰를 해 보았다. 그리고 녹음한 인터뷰를 들으면서 '효과적으로 질문하고 말하기 기술'에 대한 나의 미니 강좌를 아이가 모르게 살짝 끼워 넣은 이야기 시간을 가졌다.

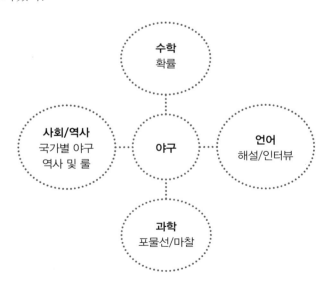

04
책이 평생 성장
친구가 되게 하라

책 읽기는 배움력의 원천이다

우리 대학에서 독서 토론 모임의 회장을 맡고 있는 학생과 이야기를 한 적 있다. 대화를 나누면서 그 학생이 가진 사고력과 지식에 크게 놀랐다. 내가 학생이랑 이야기하는 것인지, 아니면 동료 교수와 대화를 나누는 것인지 모를 정도였다. 그 사고력과 지식의 비밀이 바로 독서였다. 학생에게 언제, 어떤 일을 계기로 책 읽기를 좋아하게 되었는지 물었다.

"초등학교 저학년 때부터 부모님이 저를 자주 서점에 데려가서 제가 원하는 책이면 어떤 책이든 다 사 주셨어요. 신이 나서 바구니에 읽고 싶은 책을 몽땅 골라 담고 계산 후 집에 가서 책을 읽으려고 꺼내면, 거기에 꼭 제가 고르지 않은 책 한 권이 끼어 있었어요. 처음에는 부모님이 실수로 책을 잘못 사셨나 생각했었는데 나중에 알고 보니 추천하고 싶은 책을 일부러 한 권 넣으신 거더라고요."

이 친구는 먼저 자기가 읽고 싶은 책들을 다 읽고 부모님이 끼워 넣은 책이 어떤 내용인지 궁금해서 그것까지 읽었다고 한다. 그리고 나중에는 부모님이 이번에는 어떤 책을 끼워 넣어 주실지 기대를 하게 되었다고 한다. 이렇게 원하는 책이라면 만화든, 소설이든 상관없이 읽게 해 주고, 또 좋은 책을 한 권씩 추천해 준 부모 덕분에 사고력과 지식이 커진 것이다.

대학에서 학생들을 만나다 보면 책을 많이 읽는 아이와 그렇지 않은 아이가 생각하는 방식이나 깊이, 그리고 상상력 등에서 얼마만큼 간격이 큰지를 쉽게 발견하게 된다. 그런데 요즘 대학생들 중에서는 책을 정말 즐겨서 읽는 친구들을 찾기가 힘들다. 어릴 때부터 책 읽기를 꾸준히 하고 책 읽기의 즐거움을 아는 경우가 아니라면, 대학에 와서 책 읽기 습관을 들이기란 쉽지 않다.

활자 대신 이미지를 좋아하고, 종이 책을 읽는 것보다 디지털 매체로 글을 읽는 것에 익숙해진 요즘 세대의 경우 책 읽기는 점점 더 재미없고 어려운 과업이 되어 간다. 하지만 역설적으로 디지털 시대이기에 책 읽기의 중요성은 더더욱 강조된다. 요즘처럼 지식의 수명이 짧고 새로운 것을 늘 익혀야 하는 시대에 책은 유용한 지식의 원천이다. 단순히 스마트폰을 통해 접하게 되는 기사나 정보는 생각하는 시간을 필요로 하지 않기 때문에 사고력을 높이기 어렵다.

책을 통한 간접 경험은 다원화되는 사회를 이해하기 쉬운 렌즈를 제공해 줄뿐더러 기계와 맞설 인간의 고유한 역량인 사고력을 높여 준다.

또한 책 읽기에 강한 친구들은 글쓰기에도 강하다. 글쓰기의 가장 좋은 선생님이 책이기 때문이다. 책 읽기를 잘하면 글쓰기가 따라온다.

평생배움력을 가지기 위한 필수적인 활동이 바로 독서다. 자신의 분야에서 성공을 거둔 이들, 자신만의 브랜드를 만들어 나가는 이들은 책 읽기를 통한 넓은 지식 그물을 가지고 있다. 이 그물을 통해 새로운 지식을 잡아 올리고, 잡아 올린 지식을 통해 자신만의 결과물을 만들어 낸다. 이러한 지식의 인풋과 아웃풋의 반복과 균형은 평생배움을 지속시키는 강력한 에너지가 된다.

독 서 방 법 을 바 꿔 라

책을 아이의 성장 친구로 만들고 싶다면 책 읽기에 대한 긍정 경험을 하게 하는 것이 가장 중요하다. 어릴 때 책을 많이 읽었던 친구가 강압적인 독서를 강요하는 선생님을 만나서, 혹은 과제로 읽는 독서의 칭찬 스티커와 벌점을 만나면서 책 읽기에 대한 관심을 잃게 되는 경우를 종종 발견한다.

EBS 다큐멘터리 〈세계의 교육 현장〉에서 영국에서 진행하는 여러 가지 독서교육 프로그램이 소개된 적이 있다. 영국의 독서 교육 목적은 다양한 방법으로 아이들에게 책 읽기의 즐거움을 주는 것이다. 이 다큐멘터리에서 소개된 북스타트의 창안자인 웬디 쿨링은 이렇게 말한다.

"독서는 아기 때 물속에서 쥐고 놀던 이 책처럼 재미있어야 해요. 독서는 유용하기도 하지만 무엇보다 즐거워야 해요. 해야만 해서 억지로 하는 것이 아니라 원해서 즐거워야 하는 거죠."

책읽기는 아이에게 활동이 아니라 습관이 되어야 한다. 그것도 평생 가지고 갈 수 있는 습관이 되어야 한다. 아이에게 독서 활동이 즐겁고 나에게 이익이 되는 활동이라는 인식을 심어 주려면 이해하기식 독서가 아닌 발견하기식 독서를 해야 한다.

《엄마표 독서 코칭》(북라이프 펴냄)의 저자 이정화 박사는 탐색하고 발견하는 독서를 위한 독서 코칭의 필요성에 대해서 이렇게 말한다.

"책 읽는 과정에서 부모의 관심은 '책'이 아니라 '아이'이고, '책의 탐색'이 아니라 '자기 자신의 탐색'이어야 한다. 육아 전반에서 부모의 모든 관심이 '아이' 자체여야 하는 기본원리가 독서코칭에서는 철저히 실천되어야 한다."

부모들이 아이가 아닌 '부모의 의도'로 아이에게 책을 읽히며 제대로 이해했는지 확인하고, 평가하고, 내용에 대한 질문을 던지는 것은 책 읽기를 '책 이해하기 활동'으로 전락시킬 뿐이다. 책에서 교훈을 끌어내고 몇 권을 읽었는지 체크하고 내용에 대한 답을 맞히는 활동은 책 읽기를 재미없는 활동으로 만들 뿐이다. 답을 찾기 위한 책 읽기가 아니라 질문을 만드는 책 읽기, 책에서 발견한 자기 자신에 대해 질문을 만들어 보는 활동이 되어야 아이들이 즐거움을 느낄 수 있다.

탐색하고 발견하는 책 읽기를 경험하지 못한 학생들은 책 읽기를 지식을 얻는 수단으로만 생각하게 된다. 그렇기 때문에 어떤 지식을 얻기 위한 수단으로 책을 읽지 자신의 삶을 확장시키는 도구로 책을 읽지 않게 된다.

연결하는 책 읽기를 하게 하라

우리는 어릴 때부터 늘 책을 읽어야 한다는 얘기를 듣고 산다. 그리고 사람마다 정도의 차이는 있지만 우리는 책을 읽으면서 산다. 그런데 많은 경우, 독서가 단순한 읽기로 끝나 버리는 경우가 많다. 기껏해야 책을 읽고 어떤 느낌이 들었는지, 혹은 어떤 것이 기억에 남는지를 기록하는 게 전부인 경우가 많다.

그런데 배움력이 있는 사람들은 책 읽기를 '연결'한다. 이들은 책 읽기를 나와 연결해 주체적인 책 읽기를 하고, 활용과 연결해서 생산적인 책 읽기를 한다. 어릴 때부터 책을 읽으면서 책과 나를 연결하는 연습을 하지 않았던 아이들은 《생존독서》^(라온북 펴냄)의 저자인 김은미 독서 코치의 지적대로 '자기'는 없고 '내용'만 있는 책 읽기를 한다.

"책을 읽을 때는 주체가 되는 '자기'가 있어야 하는데 자기는 없고 일반적인 사회적 기준과 합리적, 과학적 기준만 있을 뿐이다. 그 잣대대로 책을 비판하고 재단한다. 그러니 당연히 아무 변화도 기대할 수 없다. '책 읽기'는 단순히 글을 읽는 것이 아니라 작가와 나, 그리고 텍스트 사이의 교감을 통해 그 과정에서 일어나는 수많은 감정의 변화와 통찰의 순간을 느끼는 것이다. 그런데 그런 교감을 이끌고 나가야 할 주체인 '나'가 없는 것이다."

김은미 코치는 책을 읽는다는 것은 철저히 자기 안으로 들어가는 것임을 강조한다. 책을 통해 자신의 숨겨진 욕구에 귀를 기울이고, 그 욕구를 보듬어 주고, 자신의 신념을 탐구해 보고, 자신의 핵심 가치를 찾아보라고 말한다. 배움력을 기르는 데 있어 나와 연결하는 독서를 하는 것은 매우 중요하다. 배워야 할 '이유'를 찾게 해 주고, 해결해야 할 '문제'를 찾게 해 주기 때문이다. 독서는 질문에 대한 답을 찾는 과정이 아닌 질문을 만들어 가는 과정이 되어야 한다. 자기와 연결하며 책을 읽을 수 있는 아이는 질문을 만드는 아이가 될 수 있다.

자기와 연결하는 책 읽기와 함께 길러 주어야 할 습관이 '생산적인 책 읽기'이다. 책을 읽는다는 것은 지식을 받아들이는 '수용적 기술(Receptive Skill)'이다. 이것이 다시 '생산적 기술(Productive Skill)'로 전환이 되었을 때 책 읽기는 더 큰 배움의 동력이 된다.

예전에 내게 교류분석 상담을 가르쳐 주었던 오수희 교수님은 교류분석을 가르치는 마지막 날 우리에게 "배운 것을 잘 써 잡수세요."라고 말씀했다. 이후로 나는 학생들에게 이 말을 자주 써먹고 있다. 배운 것을 내가 잘 써먹어 봐야 그것이 내 것이 된다. 그런 경험을 하고 나면 배우고 싶은 욕구가 더 강해지고, 어떻게 배워야 할지에 대한 그림이 명확하게 그려진다. 책 읽기도 마찬가지다. '생산적 책 읽기'는 한마디로 읽은 것을 써먹어 보는 것이다. 그것을 읽고 다른 사람에게 그 내용을 가르쳐 보든, 자신만의 이야기로 만들어 보든, 혹은 나처럼 읽은 책들을 바탕으로 내가 직접 책을 써 보든 말이다.

실제 내 주변에는 한 권의 책을 읽은 뒤에 그것을 나중에 강의에 활용할 내용으로 PPT를 만들어 놓는 분도 있고, 하나의 인포그래픽으로 정리해 놓거나 이전에 읽었던 책들과 연결해서 정리해 놓는 분도 있다. 책을 읽는 데에서 끝나는 것이 아니라 써먹는 것이다.

중요한 것은 책을 통해 얻는 '정보'를 확인하든, 재가공하든, 심화탐색을 하든 그것을 활용해 봄으로써 지식 습득과 활용이 환류가 되는 경험을 하게 해 주는 것이다. 이러한 경험이야말로 아이들이 책을 왜 읽어야 하는지를 스스로 깨닫게 할 수 있고 즐거움을 느끼게 할 수 있는 경험이다. 아이들의 경우, 책 읽기를 다양한 방법으로 생산적으로 만들 수 있다. 주제가 비슷한 여러 가지 책을 읽고, 이야기들을 자유롭게 섞어 미니북 만들기를 할 수도 있고, 자연에 대한 책을 읽었다면 읽은 내용을 자연 탐색에 활용해 볼 수도 있다.

책 읽기의 즐거움을 알려 주지 못하고 책 읽기 습관을 키워 주지 못하는 것은 단지 독서력을 높여 주지 못하는 것에서 끝나는 것이 아니다. 이는 우리 아이의 평생배움력의 핵심 동력을 만들어 주지 못하는 것이다.

아이와 함께 부모도 성장해야 한다. 얕은 지식을 가지고 부모 되기에
뛰어들면 이리저리 흔들릴 뿐이다. 내면의 단단함을 먼저 키워라.
부모로서 완벽해지고 싶은 욕심을 내려놓고, 자신의 내면 아이를 케어하고,
부모로서 단단한 철학을 세워야 한다.
그래야 흔들리지 않고 일관된 방향으로 아이를 키울 수 있다.

PART

3

아이의 미래를 만드는 부모력

Chapter

아이의 미래를 위해 부모력을 다져라

> **❝**바닷가에 홀로 서 있는 등대를 본 적 있는가?
> 밤에 다니는 배가 사고가 나지 않도록 위험지역을 알려 주고,
> 어디로 가야 할지 불을 비춰 계속 알려 준다.
> 등대야말로 부모가 자식을 지도하는 모습을 보여 주기 위한
> 가장 아름다운 그림이다. 등대는 끊임없이 아이들 위에
> 떠 있으면서 아이들이 걸을 때마다 따라가고 통제하는
> 헬리콥터가 아니다.**❞**

아이의 미래를 생각한다면 헬리콥터 맘이 되는 쉬운 길이 아닌 등대 맘이 되는 어려운 길을 가야 한다. 완벽한 부모가 되고자 하는 욕심을 버리고 성숙한 부모가 되기를 꿈꾸어야한다. 아이의 미래력을 위해서는 멀리 볼 수 있는 안목과 단단한 철학을 가지고 느긋하지만 느리지 않게 키워야 한다. 아이의 미래력을 만드는 것은 결국 부모력이다.

부모 되기는 취약성의
지뢰밭이다

스 프 링 복 처 럼 부 모 되 기 에 뛰 어 든 다 면

앞의 〈Part 2. 다섯 가지 미래 교육 코드로 내 아이의 미래력 키우기〉
를 읽으면서 마음의 부담이 더 커졌을지도 모르겠다.

'언제 이런 걸 다 신경 쓰지?'
'이런 걸 나만 못 하고 있으면 어쩌지?'
'애 키우기 진짜 힘드네.'

병 주고 약 주는 이야기일지 모르겠지만, 걱정할 필요는 없다. 교육학
을 전공하고 이 책을 쓰고 있는 나도 아이를 키우는 데 있어 늘 고민이
많고 계속 배워 가는 중이다.

요즘은 부모 되기가 참 힘들다. 좋은 부모가 되기 위해 너도나도 다

공부를 하는 분위기다. 여기저기서 좋은 아빠 되기 모임이 열리고, 아이와 어떻게 놀아 주어야 하는지, 아이가 떼를 쓸 때는 어떻게 해야 하는지, 말은 어떻게 해야 하는지에 대한 책이 쏟아져 나오고 있다. 이런저런 소스를 통해 '이럴 때는 이렇게'의 노하우를 배우려는 부모들이 많다. 이렇다 보니 부모가 되는 게 너무 부담스러워 아이를 안 낳겠다는 사람들도 생겨나고 있다.

과열된 좋은 부모 되기 문화를 보면서 여러 가지 생각이 든다. 좋은 부모가 되기 위해 노력하는 모습에 응원을 해 주고 싶은 마음도 들지만, 또 한편으로는 여러 권의 자녀교육서를 찾아 읽고, 여기저기 좋은 부모 되기 교육을 다니는 부모들의 모습이 내가 대학에서 만나는 '스펙 쌓기'에 몰두하는 학생들 같다는 생각이 든다. 과연 무엇을 위해 저렇게 스펙 쌓기를 하고 있는 것일까?

아프리카에는 스프링복이라는 영양이 있다. 이 영양들은 풀을 먹기 위해 무리 지어 초원을 달리다가 어느 순간 앞에 있는 스프링복이 달리기 시작하면 모든 스프링복 떼가 따라서 달리기 시작한다. 그러다 낭떠러지를 만나도 이미 스프링복 떼는 가속도가 붙어 멈출 수 없게 되어 앞에 선 스프링복들은 뒤에서 밀어붙이는 힘에 떠밀려 낭떠러지에서 떨어지게 된다. 그래서 스프링복은 아프리카의 자살하는 동물로 알려져 있다.

무엇을 위해 뛰고 있는지 질문을 던지지 않고, 그냥 앞서가는 이들이 뛰므로 같이 뛰는 스프링복의 모습에서 '일단 뛰고 보자'라는 식으로 좋은 부모 되기에 뛰어들고 있는 부모들의 모습을 본다.

육아와 관련된 신문기사며 책들을 찾아 읽는 내 자신의 욕구 역시 잘 들여다보면 궁금증만큼이나 두려움이 많다. '남들이 다 알고 있는 것을 혹시 나는 모르고 있지 않나?', '이렇게 키우면 우리 아이가 그냥 평범해지지 않을까?' 하는 마음이 있는 것이 사실이다.

우리는 스스로 부모로서 취약하다는 느낌을 없애기 위해 스프링복처럼 무조건 좋은 부모 되기의 질주에 동참하고 있을지도 모른다.

부 모 되 기 는 취 약 성 을 기 본 으 로 한 다

취약성 전문가인 브레네 브라운은 《마음가면》^(더퀘스트 펴냄)이라는 책에서 '아직 부족해(Never Enough)'라는 문화가 우리를 옭아매고 있다고 지적한다. 곳곳에 평범하면 취약해질 것 같은 그림자가 도사리고 있다. 브레네 브라운은 취약성 연구를 하면서 수치심의 12가지 범주를 찾아냈는데, 그 범주는 다음과 같다.

외모와 신체 이미지

돈과 직업

모성애/부성애

가족

육아

정신과 육체의 건강

중독

섹스

노화

종교

트라우마

편견 또는 낙인

흥미로운 사실은 이 범주에 '부모 되기'와 관련된 범주가 많다는 것이다. 부모로서 취약성을 가지는 범주는 '모성애/부성애, 가족, 육아'이다. 엄마들에게 육아는 정신과 육체의 건강에 결정적인 영향을 끼치므로 확장하자면 '정신과 육체의 건강' 역시 '부모 되기'의 취약성에 넣을 수 있을 것이다. 실제 브레네 브라운은 많은 여성들과 인터뷰를 하면서 여성들이 가지고 있는 가장 큰 취약성이 '외모와 육아'임을 발견했다.

브레네 브라운은 아이를 키운다는 것은 기본적으로 취약성을 담고 있는 활동이라 말한다. 기본적으로 아이를 키운다는 것은 완벽해질 수 없음에도 불구하고 많은 부모들은 '좋은 부모와 나쁜 부모'라는 이분법적 사고 안에서 좋은 부모가 되려고 끊임없이 애쓴다. 그런데 이렇게 좋은 부모와 나쁜 부모를 나누는 순간, 육아는 수치심의 지뢰밭이 되어버린다고 브레네 브라운은 말한다. 완벽한 부모라는 가면을 쓰고 아이를 키워야 하기 때문이다.

'완벽하지 않은 부모'라는 수치심을 감추기 위해 가면을 쓰고 아이를 키우느라 부모도 힘들고, 이런 이중적인 모습에 영향받는 아이들도 힘들다. 브레네 브라운이 사람들에게 수치스러운 순간을 얘기해 보도록 했을 때 '아이에게 버럭 화를 낼 때'라는 답변이 많이 나왔다는 사실만 보아도 부모 되기란 취약성을 기본으로 한다는 것을 알 수 있다.

소 망 가 치 와 실 천 가 치 의 간 극 을 좁 혀 라

같이 한번 생각해 보자. 왜 '아이에게 버럭 화를 낼 때'가 취약한 순간으로 느껴졌을까? 부모로서의 자존심을 다쳤기 때문이다. 다음은 알랭 드 보통이 《불안》(은행나무 펴냄)이란 책에서 소개한 자존심의 공식이다.

자존심 = 이룬 것 / 내세운 것

여기에서 내세운 것에 해당되는 것이 '부모로서 꿈꾸는 이상적인 자신의 모습'이고, 이룬 것은 '그것을 실천하는 모습'이다. 자신은 아이에게 '소리 지르지 않는 좋은 부모'를 마음속으로 내세우는데 실제로 아이에게 버럭 화를 냈다면 당연히 자존심이 상할 것이고, 스스로 취약함을 느낄 것이다. 그런 의미에서 알랭 드 보통은 "자아에게 더해지는 모든 것은 자랑거리일 뿐만 아니라 부담이기도 하다."라고 말한다.

실제로 직장을 다니는 엄마들이, 학력이 높은 엄마들이 더 불안해하고 취약하다. 자존심 공식에 따르자면 내세운 것이 많아지기 때문이다.

알랭 드 보통이 말한 이룬 것과 내세운 것 간의 간극을 브레네 브라운은 '소망 가치'와 '실천 가치'의 간극으로 설명한다. 실천 가치는 '우리가 실제로 하는 행동과 사고, 실제로 느끼는 감정'들이고, 소망 가치는 '우리가 하고 싶고, 생각하고 싶고, 느끼고 싶은 것'들이다. 그 사이의 틈이 가치의 간극인데 그 간극이 커질수록 자존감이 낮아지고, 관계가 끊어지고, 놓아 버리게 되는 현상이 생긴다. 브레네 브라운의 《마음가면》에 소개된 실천 가치와 소망 가치의 간극을 잘 보여 주는 예를 하나 들여다보자.

● **소망 가치:** 감사, 존중
● **실천 가치:** 괴롭힘, 무시, 감사할 줄 모르기

엄마 아빠는 늘 아이들이 고마워하지 않는다고 느끼고, 아이들이 부모를 무시해서 참기가 어렵다고 말한다. 하지만 엄마 아빠도 서로에게 소리를 지르고 욕을 퍼붓는다. 집안의 누구도 '부탁해'라든가 '고마워'라는 말을 하지 않는다. 엄마 아빠도 물론 안 한다. 게다가 엄마 아빠는 아이들을 깎아내리고 서로를 비난한다. 문제는 부모가 아이들이 특정한 행동과 감정과 사고방식을 가지기를 원하면서도 그것을 몸소 보여준 적이 없다는 것이다.

어떤가? 위의 예시에서처럼 우리도 부모로서 이런 간극을 만들고 있지 않는가? 완벽해지기를 꿈꾸기보다는 지금의 모습과 앞으로 되고 싶

은 모습 사이의 간극에 주의를 기울여야 한다. 그리고 자신이 중요하게 생각하는 가치들을 몸소 실천해야 한다.

남들이 말하는 좋은 부모의 요건을 따라가기보다는 내가 중요하게 생각하는 가치들을 먼저 정립하도록 하자. 앞서 얘기한 다섯 가지 미래 교육 코드 중에서도 내가 아이를 키울 때 더 가치를 두고 싶은 코드를 생각하고, 그것에 대한 실천가치를 어떻게 높여 나갈지를 고민하길 바란다. 가치와 행동을 일치시키는 부모들은 덜 불안하고, 덜 이중적이다.

임상심리학자인 로버트 마우어는 그의 저서 《아주 작은 반복의 힘》_(스몰빅라이프 펴냄)에서 성공하길 원한다면 작게, 더 작게, 아주 작게 시작하라고 말한다.

- 큰 목표 → 두려움 직면 → 대뇌피질기능 저하 → 실패
- 작은 목표 → 두려움 우회 → 대뇌피질기능 정상 → 성공

이 공식을 보면 알겠지만, 우리의 뇌는 너무 큰 목표에 대해서는 두려움을 가지게 되어 자동적으로 방어의 메커니즘으로 바꾸어 버린다. 그렇기 때문에 뇌가 인지하지 못할 정도로 작은 한 걸음을 내디디면 성공할 가능성이 높아진다. 부모 되기도 마찬가지가 아닐까? 완벽하기를 꿈꾸기보다 나의 소망 가치와 실천 가치 사이의 간극을 줄이기 위해 오늘 내가 아이를 위해 바로 할 수 있는 것을 고민하는 것이 현명하다.

소망 가치 실현하기

소망 가치와 실천 가치의 간극을 좁히는 것은 어렵지 않다. 종이 한 장을 꺼내어 소망 가치와 실천 가치를 쓰고, 내가 해 볼 수 있는 작은 실천 방법에는 무엇이 있는지 생각해 써 보자. 그리고 하루에 한 가지씩! 실행에 옮겨 보자.

소망 가치	실천 가치	내가 해볼 수 있는 작은 실천

예시)
약속 지키기
	놀아주기로 한
	약속을 종종 어김
		• 하루 최소 30분은 아이에게 집중하며
		  놀아주기
		• 약속을 어기는 경우 '사과&사랑의
		  편지 쓰기'

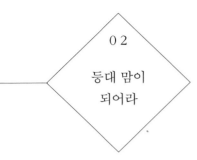

02

등대 맘이
되어라

헬리콥터 맘 vs 등대 맘

바닷가에 홀로 서 있는 등대를 본 적 있는가? 등대는 밤에 다니는 배가 사고가 나지 않도록 위험지역을 알려 주고, 어디로 가야 할지 불을 비춰 알려 준다. 이 등대야말로 부모가 자식을 지도하는 모습을 보여주기 위한 가장 아름다운 그림이다. 등대는 끊임없이 아이들 위에 떠 있으면서 아이들이 걸을 때마다 따라가고 통제하는 이른바 헬리콥터가 아니다.

행복한 육아의 대표 국가인 덴마크의 가족심리상담사인 예스퍼 율은 《내 아이의 10년 후를 생각한다면》^(생각지도 펴냄)이란 저서에서 부모에게 이렇게 말한다. '아이의 10년 후를 생각한다면 아이를 쫓아다니기에 바쁜 헬리콥터 맘이 되지 말고 진득하게 한자리에 자리 잡고 불빛을 비추어주는 등대 맘이 되라'고 말이다.

'헬리콥터 맘'이란 말을 들었을 때도 참 그럴듯하게 이름을 잘 지었다는 생각이 들었는데, 이와 비슷한 게 '컬링 맘'이다. 동계 올림픽 경기의 한 종목인 '컬링(curling)'은 빙판 위에서 무겁고 납작한 돌들을 미끄러뜨려 목표로 하는 원에 집어넣는 경기이다. 돌이 원하는 곳으로 잘 움직일 수 있도록 바닥을 잘 닦아 길을 만들어 주는 것이 컬링 선수들인데, 이렇게 앞에서 계속 장애물을 제거하고 길을 닦아 주는 부모를 컬링 선수에 비유하는 표현이다.

헬리콥터 맘, 혹은 컬링 맘으로 살지 않으면 마음이 불안한 부모들에게 이런 질문을 던지고 싶다.

"내 아이의 10년 후, 혹은 그 이후를 생각해 본 적 있는가?"
"10년 후 아이에게 가장 필요한 것은 무엇일까?"

아이 곁에서 보호와 지원을 해 줄 수 있는 시기는 한정되어 있다. 그 한정된 시간에 부모가 해야 할 일은 끊임없이 아이를 쫓아다니며 위험을 차단해 주는 것이 아니라 계속 그럴 수 없음을 일찍 깨닫고 아이가 스스로 인생의 주인공이 되는 법을 알게 해 주는 것이다. 자기가 무엇을 원하는지, 그것을 얻기 위해 무엇을 해야 할지, 그걸 하면서 겪는 어려움을 어떻게 해결할지 스스로 결정하는 자립심을 키워 주는 것이다. 엄마가 닦아 준 길을 따라 산 아이들은 자기 인생 설계를 못 한다.

마음으로는 모두 등대 맘이 되고 싶을 것이다. 그러나 당장 눈앞에 보이는 성적에서부터 미디어에서 들리는 교육 이야기, 주변 엄마들의 이야기에서 자유롭지 않기에 현실적으로는 등대 맘이 되기란 쉽지 않다. 등대 맘이 되기 어려운 이유는 크게 두 가지다. 첫째는 '나를 믿지 못해서', 그리고 둘째는 '아이를 믿지 못해서'이다.

나를 믿지 못한다는 것은 다른 말로는 부모가 스스로 단단한 철학을 가지고 있지 못하다는 의미이다. 부모가 단단한 철학이 있어야 헬리콥터 맘이나 컬링 맘처럼 바삐 움직이지 않고 등대 맘처럼 진득하게 한자리에 자리를 잡고 앉아 아이들을 비추어 줄 수 있다. 그런데 아이를 잘 키우고 싶다는 욕심만 있고, 어떤 아이로 어떻게 키우고 싶다는 구체적인 생각과 그 생각의 밑바탕이 되는 철학이 없다면 계속 이리저리 흔들리고 분주하게 움직일 수밖에 없다.

앞서 소망 가치와 실천 가치의 간극에 대해서 써 보자고 제안했는데, 만약 본인의 소망 가치를 적을 수 없었다면 철학이 단단하지 않다는 신호이다.

아이에 대한 믿음이 없어도 마찬가지로 분주한 사태가 벌어진다. 내 아이가 자신만의 색깔과 결을 가지고 있다고 믿으면 굳이 다른 아이와 비교할 필요가 없어진다. 그리고 그 색깔과 결을 잘 살려 낼 수 있는 최고의 화가가 아이 자신이라고 믿으면 조급해질 필요가 없어진다.

"엄마는 널 믿어."

"언제까지나 널 사랑해."

자녀교육서를 한두 권이라도 읽어 본 엄마들은 아이에게 이렇게 말하지만, 평소에 자신이 아이에게 어떻게 하는지를 자세히 모니터링해 보면 아이를 믿지 못해서 하는 말과 행동이 참 많다는 사실을 발견하게 될 것이다.

"위험해! 조심해! 하지 마! 이렇게 해…….."

이런 말들의 뿌리에는 불신이 숨겨져 있다.

EBS 다큐 프라임 〈마더 쇼크〉 편에는 흥미로운 실험이 나온다. 단어 조합활동에 참여한 아이들이 단어를 잘 조합하지 못할 때, 동·서양 부모들의 반응이 어떻게 다른지를 살펴본 것이다. 서양 엄마들은 아이가 단어를 제대로 조합하지 못해도 묵묵히 바라보다가 필요할 때 '괜찮아' 정도의 격려만 해 준다. 반면 동양 엄마들은 오히려 엄마들이 더 불안해하며 적극적으로 개입해서 도와주려고 한다. 이 다큐멘터리를 보면서 나는 동·서양 엄마들의 차이를 '도와주다(help)'와 '지지하다(support)'의 차이로 정의하게 되었다.

내가 코칭 공부를 시작할 때 초반에 접했던 책 중에 에노모토 히데타케가 쓴 《마법의 코칭》(새로운안 펴냄)이란 책이 있다. 이 책에서는 'help'와 'support'의 차이를 이렇게 설명한다.

"어떤 사람이 길을 지나가다 앞에 있는 맨홀을 못 보고 거기에 빠졌다. 그 사람이 '도와주세요'라고 요청을 하자 지나가던 사람이 그 사람을 맨홀에서 꺼내 주었다. 마이너스 상태(맨홀 안 지하)에서 제로 상태(지상)로 올려준 것은 '도와주기(help)'이다. 다른 상황은 이렇다. 어떤 사람이 사다리를 놓고 위로 올라가고 싶어 한다. 그런데 사다리를 잡아 줄 사람이 필요해서 지나가는 사람에게 잡아 달라고 요청한다. 제로 상태(지상)에서 플러스 상태(위로 올라감)로 올려 주는 것은 '지지하기(support)'이다."

한국 엄마들은 늘 꺼내 주고 채워 주느라 바쁘다. 아이들이 마이너스 상태라고 믿기 때문이다. 반면 서양 엄마들은 필요할 때 지원을 해 준다. 아이들이 지상의 상태에 있고 혼자서도 올라갈 수 있다고 믿기 때문이다. 도와주고 싶은 것은 어쩌면 엄마의 자연스러운 마음일 것이다. 동·서양 엄마들의 차이는 '도와주고 싶은' 그 자연스러운 마음을 아이의 미래를 생각하면서 '지지하기'로 전환할 수 있느냐 없느냐의 차이이다.

자기만의 단단한 철학을 세워라

가수 이적의 어머니이자 《믿는 만큼 자라는 아이들》, 《다시 아이를 키운다면》(나무를심는사람들 펴냄)의 저자인 여성학자 박혜란 씨는 조바심 많은 엄마들에게 이렇게 조언한다.

"내 아이를 어떤 인간으로 키울 것인가에 대해서 확고한 신념을 갖고 있지 않으면 쓸데없는 정보에 솔깃해지기 쉽다. 그 신념이 흔들리는 순간 나하고는 아무 상관 없다고 생각했던 쓰레기 정보들이 나를 흔들어 댄다. 눈만 뜨면 눈과 귀를 자극하는 매스미디어를 통해서, 광고 전단지를 통해서, 이웃을 통해서 정보는 호시탐탐 나의 행복을 노리고 있다."

부모들은 너무 많은 유혹 속에서 산다. 박혜란 씨의 지적대로 무엇이 옳은지 알면서도 쉽게 유혹에 흔들리며, 이론과 현실은 다른 법이라고 스스로 주문을 걸며 끝까지 우왕좌왕파로 산다.

현재 97세의 나이에도 활발한 저서 활동과 강의 활동을 펼치고 있는 연세대 명예교수 김형석 교수는 《백 년을 살아보니》(덴스토리 펴냄)라는 책에서 자녀교육과 관련하여 '부모는 욕심보다 지혜가 필요하며, 지혜보다 더 귀한 것이 자녀들의 일생을 위한 사랑'이라고 말한다. '똑같은 행복이라는 것은 없기 때문에 시간이라는 빈 그릇 속에 담아 넣고 싶은 것들을 스스로 그려 보라'고 조언해 주신다.

아이를 키울 때 부모가 가지는 철학이라는 것은 '아이의 인생이라는 시간에 담아 주고 싶은 것'이다. 우리는 흔히 아이의 10대와 20대에만 초점을 두고, 그때 아이가 성공하려면 시간이라는 그릇에 무엇이 있어야 할까를 고민한다. 그러나 백 년을 살아 본 김형석 교수는 '아이의 인생에 있어 성공을 너무 일찍 평가해서는 안 되며 자식을 키울 때도 긴

안목을 가지고 키우라'고 충고한다.

"인생은 50이 되기 전에 평가해서는 안 된다. 그래서 자녀들을 키울 때
도 이 애들이 50쯤 되면 어떤 인간으로 사회에 도움을 줄 수 있을까를 생
각하는 것이 부모의 마음이다."

철학이라고 해서 대단하고 거창한 것이 아니다. 아이를 키우면서 나
의 말이나 행동에 일관성을 줄 수 있는 원칙들을 세워 놓는 것이다. EBS
다큐멘터리로도 방송이 되었던 《최고의 교수》(예담 펴냄)라는 책에는 미국
내 최고의 교수들을 만나 인터뷰한 내용이 담겨 있다. 이 최고의 교수
들이 다른 교수들과 다른 점은 머리가 아니라 가슴으로 가르친다는 것
이다. 그리고 그 가슴으로 가르침에 있어 다들 자신만의 교육 철학을
가지고 있다.

부모 되기도 마찬가지다. 머리가 아닌 가슴으로 부모 되기에 뛰어들
어야 하며 표류하지 않고 항해하기 위해서는 부모로서 자신만의 단단
한 철학의 끈을 붙잡고 있어야 한다.

03

완벽이 아닌 성장을
꿈꿔라

완벽한 부모는 없다. 성장하는 부모만 있다.

높이 나는 새는
몸을 가볍게 하기 위하여
많은 것을 버립니다.
심지어 뼛속까지 비워야 합니다.
무심히 하늘을 나는 새 한 마리가
가르치는 이야기입니다.

신영복 시인의 《처음처럼》(돌베개 펴냄)에 실린 '높이 나는 새는 뼈를 가볍게 합니다'라는 시다. 부모도 마찬가지다. 아이를 잘 키우고 싶다면 높이 날아야 하고, 몸을 가볍게 하기 위해 많은 것을 버려야 한다.

몸을 가볍게 하기 위해 반드시 버려야 할 것이 '완벽한 부모가 되고 싶다'는 바람이다. 세상에 완벽한 부모는 없다. 성장하고 성숙하는 부모만 있을 뿐이다. 데이비드 브룩스는 《인간의 품격》(부키 펴냄)에서 '성숙은 비교할 수 있는 것이 아니며 다른 사람보다 더 나아서 얻는 게 아니라 이전의 자신보다 더 나아짐으로써 얻는 것'이라고 말한다.

성숙한 부모는 자신을 다른 부모와 끊임없이 비교하기보다는 자신이 예전보다 얼마나 더 성장하고 있는지에 초점을 둔다. 내가 아이와 보내는 시간이 질적으로 더 좋아졌는지, 아이의 욕구와 문제를 더 잘 이해하게 되었는지, 아이의 이야기를 더 잘 들어 주게 되었는지, 나의 말이나 태도가 더 일관적이 되었는지 등을 점검한다.

스탠퍼드 대학의 심리학 교수인 캐럴 드웩은 '우리가 고착 마인드셋을 가지고 있느냐, 성장 마인드셋을 가지고 있느냐에 따라 인생을 살아가는 태도가 달라진다'고 말한다. 고착 마인드셋을 가진 사람은 실패를 했을 때 이를 자신의 무능함으로 생각하고 수치스럽게 생각하는 반면, 성장 마인드셋을 가진 사람은 자신이 충분히 성장할 수 있다고 믿으며 실패를 성장의 동력으로 생각한다.

성장 마인드셋을 가지고 실천하는 부모가 아이에게도 성장 마인드셋을 남겨 줄 수 있다. 성장하려고 애쓰는 사람은 익숙한 생각이나 편한 습관으로 되돌아가려는 복원력을 조절할 수 있는 사람이다. 아이를 키우는 것도 마찬가지다. 자신이 익숙한 안전지대에서 벗어나 다르고 새로운 것에 도전하는 용기가 필요하다.

부모교육 특강을 듣고 온 저녁, 아이에게 배운 대로 실천해 보면 바로 "엄마, 오늘 또 뭐 배우고 오셨어요?"라는 반응이 나온다. 그러면 새롭게 배운 것을 적용해 보려고 하다가도 바로 의기소침해진다. 꼭 그런 상황이 아니더라도 무언가 새로운 것을 시도해 보는 것은 어색하고 용기가 따라야 한다. 사춘기 아들과 다정하게 대화를 나누고 싶은 마음은 있는데 그게 실천이 잘 안 된다고 지인이 나에게 고민을 털어놓았을 때 나는 이렇게 물었다.

"지금 이대로 변화 없이 간다면 1년 후 어떤 모습일까요?"

성장하고자 하는 사람은 자기 앞에 있는 문제를 회피하지 않고 직시하며 문제 해결 방안을 모색한다. 반면 게으른 사람은 문제를 회피하거나 시간이 지나면 문제가 자연스레 사라질 것이라고 기대한다.

아이에게 완벽한 부모가 되길 꿈꾸기보다는 부모로서 자신이 가진 현재의 작은 문제, 혹은 아이의 문제에 집중하고 그것을 어떻게 해결하여 성장해 갈지를 고민해야 한다.

절제된 훈육을 실천하는 부모가 성숙한 부모다

성숙한 부모와 성숙하지 않은 부모의 가장 큰 차이를 나는 '일관성'이라고 생각한다. 성숙하지 않은 부모는 자신의 취약성을 감추려고 하다 보니 일관되지 않은 행동을 보인다. 자신의 단단한 철학이 없으니 사방에서 불어오는 바람에 흔들려 우왕좌왕한다. 아이의 같은 행동에 대해서 어느 때는 엄하게 혼을 냈다가 어느 때는 못 본 척 넘어간다. 습관적으로 아이에게 사랑한다고 말하고 얼마나 아이가 부모에게 소중한지 강조하면서도 정작 아이와 친밀한 시간을 보내지 않는다. 아이를 사랑하되 절제된 훈육을 할 수 있는 부모가 성숙한 부모이다.

정신과 의사인 모건 스콧 펙은 《아직도 가야 할 길》^(율리시즈 펴냄)이라는 그의 저서를 통해 삶의 문제를 해결하기 위해 필요한 기본도구로서 '훈육'을 강조한다. 그가 말하는 훈육은 우리가 일반적으로 생각하는 아이를 혼내는 훈육이 아니다. 그는 훈육이라는 것은 '괴로워하는 법과 동시에 성장하는 법을 가르치는 것'이라고 말한다.

그는 '내가 말한 대로 하고, 내가 행동하는 대로는 하지 마라'라고 하는 부모들, 즉 행동을 모범으로 보이지 못하는 부모들의 훈육은 무의미하다고 말한다. 그리고 제대로 훈육을 하기 위해서는 시간을 들여야 한다고 강조한다. 맞는 말이다.

아이에게 시간을 투자하는 부모들은 아이 내면의 욕구를 제대로 파악할 수 있고, 행동의 패턴 및 문제를 감지할 수 있게 된다. 아이에게 시간을 투자해야만 훈육해야 할 미묘한 순간을 알아차리고, 다음처럼 적당한 훈육의 방법을 찾아낼 수 있다.

"그들은 아이의 말에 귀 기울이고, 대답하고, 이럴 때는 약간 조이고, 저럴 때는 약간 풀어 주고, 조금 가르치기도 하고, 이야기도 좀 들려주고, 살짝 안아서 뽀뽀도 해 주고, 훈계도 좀 하고, 살짝 등을 두드리면서 시간을 들여 사소한 문제를 고쳐 주고 바로잡아 준다."

에리히 프롬은 《사랑의 기술》(문예출판사 펴냄)에서 사랑은 단순한 감정이 아니라 기술이라고 말한다. 그렇기 때문에 사랑을 하는 것도 훈련이 필요하다고 말한다.

아이를 사랑한다고 말하면서 아이에게 물을 주지 않는 부모는 아이의 장기적인 성장에 관심을 두지 않는 부모다. 말로만 '사랑한다, 믿는다'고 하면서 실제로 아이의 성장에 꼭 필요한 물을 주지 않고 있는 것이다. 아이의 성장에 꼭 필요한 물은 부모 스스로 아이의 성장을 위해 훈육할 줄 아는 역할 모델을 보이고 일관된 보살핌을 주는 것이다. 부모의 역할 모델과 일관된 사랑을 통해 아이들은 자신의 존재에 대한 안정감과 존중감을 얻을 수 있다.

부모가 행복해야 아이도 행복하다

부모가 절제된 훈육을 할 수 있으려면 부모 스스로 자신의 내면 아이를 잘 다스릴 수 있어야 한다. 존 브래드쇼는 《상처받는 내면 아이 치유》(학지사 펴냄)에서 '사람들은 내면에 치유되지 않는 상처를 가지고 있으며, 이 상처가 치유되지 않고 계속 지속되는 경우, 상처받은 내면 아이로 계속 남아 학대, 폭력, 중독 등 여러 가지 문제를 일으킨다.'고 말한다. 상처받는 어린아이가 성장한 후에도 계속 내면에 남아 따라다닌다는 것이다.

아이를 키우다 보면 아이의 문제 때문이 아니라 자신의 문제 때문에 아이에게 화를 내고 있는 자신의 모습을 발견하게 된다. 아이의 작은 문제에 괜히 예민하게 구는 자신을 발견하기도 한다. 바로 나의 내면 아이가 발동하고 있는 시점이다.

부모가 자신 안에 있는 상처받는 내면 아이를 제대로 치유하지 못하면, 그 상처가 다시 자녀에게 전이된다. 비행기를 탑승하면 산소마스크를 사용하는 방법에 대한 안내가 나온다. 아이를 동반한 부모의 경우, 부모가 먼저 산소마스크를 쓰고 그다음에 아이에게 산소마스크를 씌워 주라고 안내한다.

이렇듯 부모가 먼저 자신의 내면 아이를 잘 다스릴 수 있고, 행복할 수 있어야 아이를 행복하게 키울 수 있다. 자신의 내면 아이를 괄호로 묶어 그것이 아이에게 투사되지 않도록 해야 아이에게 진정한 사랑을 줄 수 있다.

스위스 정신과 의사인 칼 구스타프 융은 '그림자'를 알면 해답에 가까워진다고 말한다. 융이 말하는 그림자는 자아의 어두운 면이다. 스스로 열등하다고 생각하거나, 취약하다고 생각해서 감추고 싶은 부분이다. 이 무의식의 그림자가 우리의 행동을 따라다니면서 영향을 미친다. 융은 이 그림자의 힘을 약화시키고 싶다면 그림자를 가리는 게 아니라 여기에 빛을 밝히라고 말한다. 빛과 그림자는 다른 하나가 없이는 서로 존재하지 않기 때문에, 자신의 그림자를 사랑하고 수용해야만 우리는 온전한 자아를 만날 수 있다.

이런 이유로 나는 부모들이 자신의 내면 아이 다스리기 작업을 하도록 추천한다. 실제로 나 역시 내면 아이 치유 과정을 겪었으며 지금도 계속 나의 내면 아이에게 빛을 밝혀 주어 그것의 존재를 확인하고 치유하려고 노력하고 있다. 내가 웃어야 세상이 웃고, 내가 웃어야 우리 아이도 웃을 수 있다. 그것이 바로 부모가 성장해야 하는 이유이다.

◇
04
아이 키우기는
함께 뛰는
마라톤이다

지 금 당 장 말 잘 듣 는 아 이 로 키 우 지 마 라

아이가 내 뜻대로 된다고 자랑 말고, 아이가 내 뜻대로 안 된다고 걱정 마라. 반대로 아이가 내 뜻대로 된다면 걱정하고, 아이가 내 뜻대로 안되면 안심하라. 가장 걱정해야 할 문제는 아이에게 뜻이 없다는 거다.

《내가 다시 아이를 키운다면》(나무를심는사람들 펴냄)에서 박혜란 씨는 바로 눈앞에 보이는 이익만 생각하는 부모들에게 이런 충고를 한다. 아이 키우기는 단거리 뛰기가 아닌 마라톤의 관점에서 접근해야 한다. 아이를 키운다는 것은 아이 혼자 뛰는 것이 아니라 부모가 같이 뛰는 것이다.

부모들은 당장 키우기 편한 아이를 칭찬한다. 당장 성과가 나는 아이로 키우려고 욕심을 낸다. 그런데 당장 키우기 편하고, 성과가 나는 아이로 키우면 〈마이펫의 이중생활〉에 나오는 동물들처럼 주인이 있을 때는 사랑을 받기 위해 순한 애완동물의 모습을 하고 있다가, 주인이 출근하면 집 안을 엉망진창으로 만들어 놓고 하고 싶은 대로 하는 이중적인 생활을 하기 쉽다.

아이를 키우는 데 있어서 공기가 차단되면 안 된다. 아이의 생각도 허용하고, 아이가 부모에게 하는 거절도 허용하고, 아이와의 사이에서 일어날 수 있는 갈등도 허용해야 한다. 그렇게 공기가 흐르도록 해 주어야 나중에 폭발하는 일이 없다. 당장 말 잘 듣는 아이로 키우기 위해 아이를 단거리 선수로 만들고, 갈등과 거절을 허용하지 않는 것은 결국 나중에 폭발할 화산을 만들어 내고 있는 것이다. 지금 당장 아이를 키우기 편한 아이라고 좋아하다 보면 나중에 어려운 아이가 된다.

아 이 의   마 음 에   민 감 하 라

지금껏 교육학자가 아니라 엄마로서 이 책만큼 나에게 충격을 준 책은 없다. 바로 《나는 가해자의 엄마입니다》(반비 펴냄)라는 책이다. 이 책을 읽기 전까지는 내가 충격적이고 사회적인 문제를 일으킨 가해자의 엄마가 될 수도 있다는 일말의 가능성을 단 한 번도 생각해 보지 않았다. 그런데 이 책을 읽고 나서는 '내가 우리 아이를 잘 안다고, 우리 아이는 절대로 안 그럴 거라고, 나는 결코 그런 엄마가 되지 않을 것'이라고 과신하면 안 된다는 생각이 들었다.

이 책을 쓴 수 클리볼드는 1999년 13명의 사망자와 24명의 부상자를 낸 콜럼바인고등학교 총격 사건의 가해자 중 한 명인 딜런 클리볼드의 엄마이다. 딜런 클리볼드는 총격 후 자살을 했고, 수 클리볼드는 그 사건이 일어난 후 지금까지 16년 동안 힘든 치유의 시간을 보내왔다. 아들처럼 자살을 생각했던 그녀는 이제 자살 예방 교육자로 살고 있다. 그러나 그녀의 표현대로라면 '여전히 알 수 없는 일을 이해하려고 애쓰는 데 바친 16년'이다. 수 클리볼드의 뒤늦은 후회는 다른 부모들에게 다음과 같은 메시지를 던진다.

"나는 내 아이를 누구보다 잘 안다고 생각했다. 아이의 우울과 자살 충동의 징후를 제대로 해석하지 못했다. 아이가 속을 터놓을 수 있는 사람이 되어 주지 못했다. 치아관리, 영양관리, 용돈 관리를 가르치는데 왜 자신의 뇌를 건강하게 살피라고 가르치지 못했을까?"

부모로서 이 책을 읽는 것은 쉽지 않은 시도이다. '보통 엄마', '보통 아이'의 이야기가 비극이 된 사례를 보며 나도 '보통 엄마가 아닐지도 모른다.'는, '우리 아이도 보통 아이가 아닐지도 모른다.'는 두려움에 휩싸이게 되기 때문이다. 그런데 이 책이 주는 교훈이 바로 그 '민감성'이다. 그냥 무심코 넘기는 아이의 행동, 표정, 언어 뒤에 숨어있는 그림자를 민감하게 알아차리고, 빛을 비추어 주고, 도움을 주어야 하는 것이다.

이 책은 마음이 건강하지 않은 아이로 키웠을 때, 그 아이가 미칠 사회적 영향력을 생각해 보게 한다. 내 아이의 행복을 위해서, 더 행복한 세상을 만들기 위해서라도 내 아이에 대해 누구보다 잘 안다는 과신에서 벗어나야 한다. 책 속에 들어 있는 그녀의 이 말은 나의 마음속에 오래 머물렀다.

> "나는 내가 아는 아이를 기르기 위해 내가 아는 최선의 방식으로 길렀고, 내가 모르는 존재가 되어 버린 그 아이를 기르는 최선의 방식은 알지 못했다."

부모로서 가장 슬픈 일이 아이가 내가 모르는 존재가 되는 것이 아닐까? 아이가 내가 모르는 존재가 되지 않도록 하기 위해 부모는 아이와 가까운 마음의 거리를 유지해야 한다. 민감성을 가지고 아이의 변화를 관찰하며, 만약 아이가 내가 모르는 존재가 되어 가고 있다고 느낀다면 바로 그에 대처할 수 있는 최선의 방식을 찾아야 한다. 나는 《다섯 가지 미래 교육 코드》라는 이 책에서 계속 아이의 미래에 대한 얘기를 하고 있고, 멀리 보라고 말하고 있다. 그렇지만 아이의 마음만큼은 반드시 가까이 보아야 한다.

마음은 줌 인 하고 미래는 줌 아웃 하라

결국 좋은 부모가 된다는 것은 줌 인 기능과 줌 아웃 기능을 갖춘 카메라가 되어야 하는 것이 아닐까? 아이의 마음은 민감성을 가지고 가까이에서 들여다보아야 하고, 아이의 미래는 느긋함을 가지고 멀리 볼 수 있어야 한다. 결국 느긋하지만 느리지 않게 키워야 한다.

칼릴 지브란은 '아이들은 부모가 갈 수 없는 미래의 집에 살고 있으며 부모의 꿈속에 살고 있기 때문에 부모가 그들을 자신의 영혼에 가둘 수 없다.'고 말했다. 그리고 '부모는 아이를 미래로 날려 보낼 수 있는 활이 되어야 한다.'고 말했다.

"그들을 당신과 같은 사람으로 만들려고 해선 안 된다.
인생은 거꾸로 가지 않으며 과거에 머물러선 안 되기 때문이다.
당신은 활이 되어 살아 있는 화살인 아이들을
미래로 날려 보내야 한다."

칼릴 지브란의 말처럼 정말 아이를 생각하는 현명한 부모라면 아이의 10년 후를 생각하면서 아이가 미래로 나아갈 수 있는 원동력이 되어주어야 한다. 그런 의미에서 아이의 미래력을 만드는 것은 부모력이다.

아이의 미래를 고민한다면 반드시 알아야 할 교육의 변화

다섯 가지 미래 교육 코드

초판 1쇄 발행 2017년 1월 1일
초판 6쇄 발행 2020년 7월 25일

지은이 | 김지영
펴낸이 | 박현주
마케팅 | 유인철
디자인 | 정보라
교정 | 박사례
그림 | 이누리
사진 | 소동스튜디오(02-2636-2012)
인쇄 | 미래피앤피

펴낸 곳 | ㈜아이씨티컴퍼니
출판 등록 | 제2016-000132호
주소 | 서울시 강남구 논현로20길 4-36, 202호
전화 | 070-7623-7022
팩스 | 02-6280-7024
이메일 | book@soulhouse.co.kr
ISBN | 979-11-959166-1-0 03590